智慧豬場建設與設備

CONSTRUCTION AND FACILITIES OF SMART PIG FARM

張梅　
馬偉　著
胡永松

自序

近年來,隨著人們對食品品質和安全要求的不斷提高,豬肉作為人類重要的肉類來源之一,也受到了更加密切的關注。豬場作為豬肉產業鏈的重要組成部分,如何保證生產效率和產品品質,是豬場從業者所面臨的重要問題。在這個背景下,《智慧豬場建設與設備》一書的出版,無疑是養豬行業的一次重要探索和嘗試。

本書以實用性為出發點,著者憑借深厚的專業知識和多年在豬場從業的經驗,詳細介紹了豬場建設和管理中的各個環節,並給出了一系列的技術方案和實踐經驗,為廣大養豬從業人員提供了有力的指導和幫助。無論是初入行業的新手,還是經驗豐富的老手,都可以在本書中找到自己需要的資訊和建議。

本書首先對智慧豬場設備進行概述;然後對智慧豬場建設中的各種設備和技術進行介紹,包括智慧豬場飼餵設備、飲水設備、清潔設備、環境設備、保育設備、疾病預防設備;最後列舉了智慧豬場的建設案例。透過對這些設備和技術的詳細介紹,讀者可以了解到如何選擇和使用最適合自己的設備和技術,從而提高生產效率和產品品質。案例的介紹,讓讀者對智慧豬場有了更完整的認識,對建設好智慧豬場有了更全面的參考範本。此外,本書涵蓋從種豬到分娩母豬、從仔豬到成年豬整個過程的豬場管理、疾病防控等方面的智慧豬場設備和技術,並對其進行深入剖析,為豬場從業人員提供全面的解決方案。

在智慧豬場建設中,科技含量越來越高。本書強調了智慧化、自動化、數位化等重要特點,為讀者介紹了新興技術在養豬行業中的應用,如大數據、人

工智慧等。這些技術不僅可以提高生產效率、降低成本，還可以幫助豬場從業人員更好地掌握生產管理，實現精準化營運。

值得注意的是，本書並不僅僅是一本理論性的著作，更是一本實踐性極強的指南。作者在本書中不僅詳細介紹了各種設備和技術的原理和性能，還結合實際操作經驗，給出了具體的操作步驟和注意事項，從而使得本書的實用性得到了進一步提高，讀者可以更加方便地將書中的建議和技術應用到實際工作中去。

總之，本書是一本不可多得的好書，為豬肉生產企業的經營者、管理者和技術人員提供了有力的支持和幫助，以利於他們更好地管理和營運自己的豬場，為保障食品品質和安全做出積極的貢獻。同時，本書也適合農業科研人員、教育工作者以及相關政府機構參考。此外，本書還為相關設備生產廠商提供了開發新設備、優化生產流程的參考依據。希望這本書能夠得到廣大讀者的認可和支持，也期待著更多的專業人士加入到智慧豬場建設中來，共同推動養豬事業的發展。

書中難免存在疏漏和錯誤，懇請廣大師生和學者批評指正。

著　者

目錄

自序

1
智慧豬場設備概述 / 1
1.1 智慧豬場定義與分類 / 2
1.2 智慧豬場發展歷史與現狀 / 10
1.3 智慧豬場意義與評價 / 20

2
智慧豬場飼餵設備 / 25
2.1 液態飼餵設備 / 26
2.2 乾粉飼餵設備 / 40

3
智慧豬場飲水設備 / 45
3.1 儲水環節設備 / 46
3.2 運水環節設備 / 47
3.3 飲水環節設備 / 49

4
智慧豬場清潔設備 / 53
4.1 清洗對象 / 54
4.2 刮糞設備 / 58
4.3 生產設備 / 60
4.4 後處理設備 / 61

5
智慧豬場環境設備 / 63
5.1 外部環境 / 64
5.2 溫度調控設備 / 66
5.3 通風設備 / 67
5.4 加熱設備 / 72
5.5 防風設備 / 73
5.6 電控設備 / 74
5.7 氣體感測設備 / 75
5.8 中央控制系統 / 76

6

智慧豬場保育設備 / 77

- 6.1 保育欄位設備 / 78
- 6.2 種豬護理設備 / 80
- 6.3 分娩產床設備 / 82
- 6.4 仔豬隔離設備 / 83
- 6.5 仔豬保育設備 / 84
- 6.6 妊娠管理系統 / 86

7

智慧豬場預防設備 / 89

- 7.1 自動注射設備 / 90
- 7.2 AI 巡檢設備 / 91
- 7.3 突發疾病快檢 / 92
- 7.4 生物安全管理平臺 / 93
- 7.5 行動終端生物安全預防管理軟體 / 94
- 7.6 智慧豬場全域生物安全預防管理平臺 / 95
- 7.7 豬咳嗽分析系統 / 96

8

智慧豬場承包建設 / 97

- 8.1 智慧豬場建設硬體保障 / 98
- 8.2 智慧豬場建設軟體保障 / 99

9

智慧豬場建設案例 / 105

10

展望與建議 / 113

- 10.1 展望 / 114
- 10.2 建議 / 115

後記 / 116

1
智慧豬場設備概述

智慧豬場建設與設備
Construction and facilities of smart pig farm

圖 1-1　養豬場受到勞動力緊缺困擾

1.1　智慧豬場定義與分類

　　中國是世界第一生豬生產和豬肉消費大國。在中國人民肉類食品消費中，豬肉占比約 65%。目前，複雜國際形勢、新冠疫情及非洲豬瘟疫情等多重因素疊加，給中國養豬業帶來巨大壓力的同時，也帶來了新的發展機遇。

　　當前，中國生豬飼養量和豬肉消費量均占世界總量的一半左右。中國養豬業正處於生產結構調整優化、生產管理創新變革的轉型升級關鍵時期，既面臨著需求不斷增長的重大利好，也受到養殖散戶快速退出、勞動力日益緊缺、環保、非洲豬瘟等多重壓力疊加的挑戰（圖 1-1）。

圖1-2 智慧豬場構想圖

　　智慧化養殖已成為必然的發展趨勢。未來,智慧豬場將在規模結構、產品結構和空間結構方面發生重大變化,因此,中國養豬業將向規模化、集約化和標準化方向轉型升級。在資訊化時代背景下,傳統養豬業將迎來物聯網技術、大數據資訊技術、智慧技術等先進的科技元素和生產方式,養殖方式不斷創新蛻變,農業機器人將被大規模應用於智慧豬場中,智慧豬場發展將迎來大跨越、大發展的新時代(圖1-2)。

　　智慧設備正快速應用在智慧養殖的多個環節。以農業資訊技術為核心的智慧豬場技術和設備正在不斷深入到生豬養殖的各個環節。透過智慧感知、自動控制、遠端監控等技術集成,筆者團隊搭建了智慧養殖和遠端管理的智慧豬場智慧系統,加快推進育種管理、環境控制、精準投餵、疫病防控、遠端診斷、

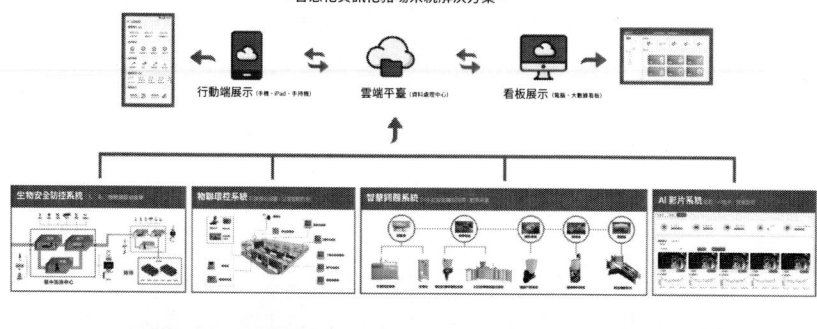

圖1-3 智慧豬場遠端監控框架圖和示意圖

廢棄物自動回收處理、品質追溯等智慧設備的應用（圖1-3）。智慧豬場智慧系統將成為生豬養殖業提高生產效率的重要技術抓手。

　　未來，要加快推動物聯網、大數據、區塊鏈、人工智慧、5G、射頻辨識（RFID）等現代資訊技術為核心的生豬智慧養殖技術和設備在養殖業各環節的融合應用，將豬舍內的環境控制系統、智慧飼餵系統、能源利用系統、糞汙處理系統等多個管理系統連接起來，從而進行全方位的資訊收集和數位化管理，實現生豬產業精細化管理和科學決策，推進智慧豬場的進一步發展。

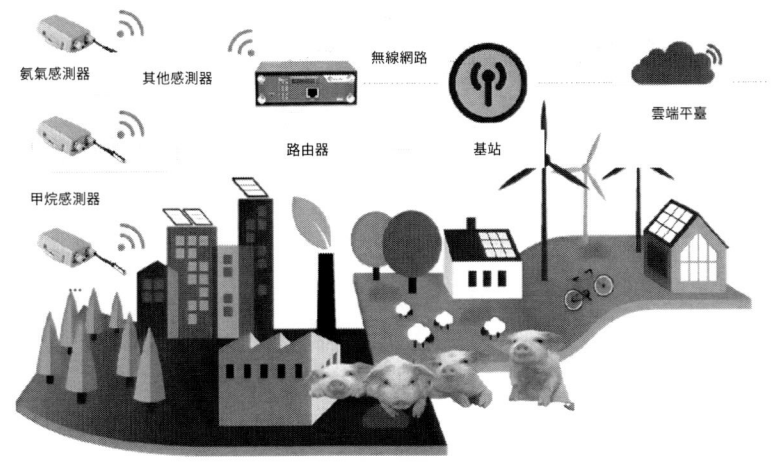

圖 1-4 豬舍環境資訊採集及調控模型

1.1.1 智慧豬場技術分類

(1) 應用環境即時感知與自動監測分析控制系統,實現對豬舍環境監測與最佳化調控

即時監測 CO_2、氨氣、硫化氫、甲烷、溫度、溼度等各類豬舍內環境資訊,並將各感測器用無線網路連結構成物聯網,同時,利用各種環境感測器採集的豬舍內環境因子數據,結合季節,豬品種、不同生長期及生理等特點,制訂有效的豬舍環境資訊採集及調控模型(圖1-4),再利用溼簾降溫、地暖加熱、通風換氣、高壓微霧等設施與智慧技術,建立評判綜合環境舒適度的參數模型和閾值,分析建立環境參數與飼料轉化率、生產性能等的關係,實現自動調控環境、優化生長條件的目的。

(2) 應用全自動智慧化飼餵系統,實現無人化、自動化精細餵飼

自動化精細餵飼包括定時定量、定時不定量和感知調節飼餵 3 種方式。定時定量飼餵就是按一定時間,供給一定量的飼料,隻要時間一到就投入一定量的飼料。定時不定量就是在一定時間根據經驗進行調節,避免飼料過多引起飼料酸化。感知調節飼餵就是利用智慧感測和電磁控制設備,實現自動輸料飼餵

 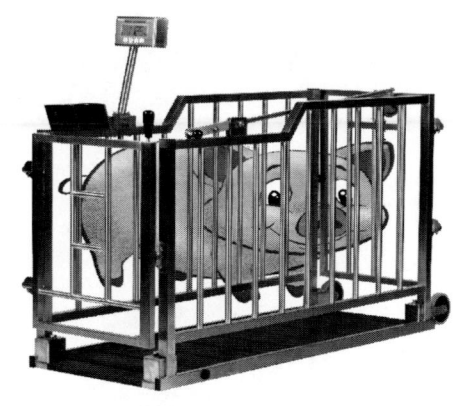

圖 1-5　感知調節飼餵　　　　圖 1-6　生豬體質和生長情況即時感知監測示意圖

和給水壓力智慧控制功能（圖 1-5），再結合豬品種，生理階段，日糧結構，氣候，環境溫度、溼度等因素，對飼料數量、加料時間及飲用水攝取量、水溫、水質等搭建相關數字模型，實現自動智慧化精細餵飼。

（3）應用射頻辨識（RFID）等智慧感知技術，實現對生豬體質和生長情況即時感知監測、分析和智慧調控

不同豬個體的精準監控是智慧養殖需要突破的關鍵技術環節。採用非接觸技術進行自動感知可以動態獲取不同豬個體的資訊。RFID 晶片植入豬體，結合物聯感測與視頻監控系統，透過遠距離 RFID 閱讀、無線感測網路（WSN）相對定位，對生豬行為及心跳、體溫等即時監測（圖 1-6），這種技術最大的優勢是可實現對每隻豬個體的精準管理。

要對豬個體進行精準管理，除了獲取個體的資訊外，還需要透過豬病診治模型、豬病預警模型等數學模型對豬的資訊進行精準解析，實現生豬疫病從傳統預防模式向預知模式提升。同時，利用監測到的生豬個體體質與行為資訊數據，分析判斷個體發情、進食、生病等行為，提前發現和獲得生豬生長中的不同行為、生長狀況和異常狀況等資訊，根據豬的動態表現分區分組管理，最終實現智慧豬場的精準管理（圖 1-7）。

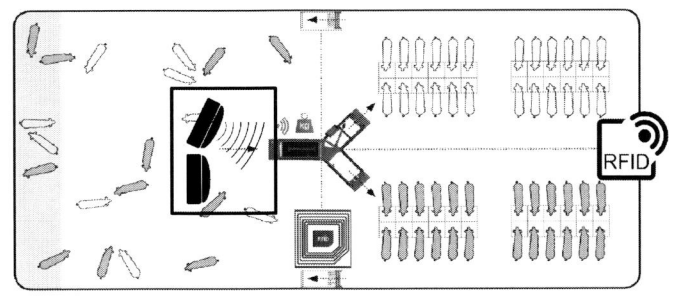

圖 1-7　根據豬的動態表現分區分組管理

圖 1-8　養豬場平臺化管理

聯合相關科研機構，研究制訂完善的精準飼養管理模擬專家系統，實現從生豬養殖到肉品零售終端全生命週期資訊的正向追蹤和肉品零售終端到生豬養殖逆向溯源。

(4) 應用物聯網和精準飼養專家系統，實現養豬場平臺化管理和遠端智慧控制

當前智慧豬場產業重點發展互聯網＋養豬，透過智慧養豬模式促進產業提質增效。根據現代生態養豬需求，研發個性化明顯的物聯網應用軟體平臺和移動應用終端，使系統具備即時採集高精度養殖環境參數、異常資訊警報接收，智慧化自動控制、聯動操作資訊通知等功能，並透過建立智慧牧場飼養管理總控制室，管理和技術人員可以透過控制室大螢幕系統或手機、PDA（智慧巡檢系統）、電腦等網路終端隨時隨地訪問查看、了解、掌握豬舍內環境數據、豬隻個體監測數據，接收警報資訊，從而進行管理決策和實現遠端控制（圖 1-8）。

圖 1-9　基於大數據的生豬疫病防控

同時，該平臺還突出大數據儲存和應用，透過直觀的圖表，實現每個豬舍、豬個體的各項指標參數日、週、月、年的對比分析，為進一步提升數位化、精細化管理水準奠定基礎。

(5) 應用智慧化機器人及大數據雲端平臺，融合人工智慧、機器視覺等技術，實現生豬疫病防控決策及遺傳育種資訊化管理

發揮大數據平臺優勢，為智慧化養殖決策環節提供數據支援。針對豬場亟待解決的預警，降低養殖經濟損失等問題，利用健康巡檢機器人、防疫消毒機器人等手段實現疫病遠端診斷。對收集的數據透過大資料分析及時發現問題，宏觀上也可有助於疫病防控監管（圖 1-9）。同時，利用統一計算框架的生豬種質資源大數據雲端平臺，融合人工智慧、機器視覺等多種形態，為資料驅動和知識引導相結合的生豬育種研究提供智慧服務。

(6) 運用網際網路技術，建立豬肉品質溯源系統，開展產品網路行銷和線上體驗

利用溯源技術確保畜牧產品更加健康安全。充分利用智慧牧場物聯網系統

圖 1-10 運用網際網路技術建立豬肉品質溯源　　　　圖 1-11 智慧豬場「零排放」

在生豬飼養中積累的全程「大數據」，開發建立豬肉品質溯源系統、產品線上行銷展示系統和公司客戶移動應用終端（APP）。網友和消費者可透過網路平臺、手機客戶端，即時觀看養殖場生產管理實景，體驗高品質豬肉的生產過程（圖 1-10），透過掃描產品 QR Code 可查閱豬肉產品的全部資訊和產品檢測報告數據。

（7）應用排洩物自動回收和無害化處理與開發再利用技術，實現智慧豬場「零排放」和農業循環經濟發展

綠色低碳生產技術不斷被應用在智慧養殖環節。利用封閉式自動負壓回收設施和無害化、資源化處理系統與技術，實現生豬糞尿排洩物即時回收和無害化處理與加工利用，生產出高端生物碳有機肥和葉面肥，既實現了豬舍內乾燥清潔、無臭味、無汙染，使生豬在潔淨的環境下健康生長，又實現了養殖汙染真正的「零排放」（圖 1-11），開闢了現代化養豬場生態養殖新途徑。

綜上所述，智慧豬場是未來豬場的發展方向，智慧豬場建設將改變養豬產業的發展格局，促進生豬產業的健康發展。智慧豬場技術將引發養豬業革命，帶動生豬經濟蓬勃發展，實現高效率、高產值、低汙染和低能源消耗發展。

圖 1-12　機械化養豬代替人工操作

1.2　智慧豬場發展歷史與現狀

　　工廠化養豬作為智慧豬場發展的必經階段，已經歷了機械化、資訊化階段，目前正在向數位化、智慧化邁進。機械化階段是指在生豬養殖全程的各個環節（包括飼餵、環境控制、消毒、防疫、清糞、廢棄物處理等）使用機械化作業代替人工操作（圖 1-12）。目前中國大部分中小規模的豬場處於機械化和資訊化階段，大中型豬場開始向資訊化和智慧化階段轉型。

　　資訊化養豬階段是指隨著物聯網和資訊技術的發展，逐漸實現豬場生產數據的自動採集，同時利用資訊管理軟體高效地完成基本資訊的統計和分析。資訊化平臺所採集的數據包括日照、降雨等環境資訊，豬隻體徵數據，豬隻運動

圖 1-13 豬場生產數據的自動採集　　圖 1-14 「互聯網+」智慧養豬新時代

行為特性，生產管理數據，乃至屠宰、分銷物流資訊等（圖 1-13）。目前中國集團化養豬企業大多處於這一階段。

比較而言，機械化階段是透過人為控制設備執行各種操作，系統完全不感知外部資訊，是個資訊孤島的系統；資訊化階段則由人工錄入或感測器技術感知外界各類狀態資訊，透過基本的資料分析指導操作，是簡單的資訊回饋和交互的系統；而智慧化階段可將各類數據資訊互聯互通、相互融合，形成智慧決策和網路控制，是一種全新的、複雜協同的知識自動化系統。

隨著行動終端的多樣化和行動網路、雲端運算、大數據技術的應用普及，中國豬場建設開始進入數位化時代，網際網路逐步滲入養豬的生產、交易、流通、融資等各個環節，帶來了產業層面的轉型與升級。隨著市場與科技的進一步發展，中國將全面開展智慧化豬場建設。智慧豬場將智慧化的網際網路、物聯網、大數據、雲端運算、人工智慧等技術高度集成，與豬場生產形成更廣泛、更深入的結合，並逐步嘗試替代人的操控來自主智慧化決策，養豬業迎來了「互聯網+」智慧養豬新時代（圖 1-14）。

中國智慧豬場建設的研究起步較晚，配套的技術和設備也是在 2000 年以後開始發展，這一時期是中國豬場向自動化、高效化、智慧化生產模式轉變的變革時期。其間，中國從 2008 年開始逐步推廣妊娠母豬智慧化飼養管理系統，

圖 1-15 智慧養豬技術交叉

並建立了新的養豬模式，對於中國智慧豬場的發展有很好的推動作用，雖然技術細節有待進一步完善，但該模式為智慧養豬提供了一個新的補充。

總體上，中國智慧養豬技術起步較晚，但是發展速度很快，與已開發國家的技術差距在不斷縮小。中國智慧養豬技術目前可分為自動化技術、資訊技術和物聯網技術三大部分，這些技術的相互交織利用和各分支新技術的不斷引入，使得中國智慧養豬業的發展較為活躍（圖 1-15）。

1.2.1 自動化技術

豬場的自動化技術是機械和電子在豬場的綜合應用，主要是指在豬場採用自動控制技術來替代人工進行操作，實現對機械的自動控制和操作。近年來，適合於豬場的控制理論不斷完善，快速發展的電腦技術使得自動化技術有了長足的進步。自動化技術在中國智慧化養豬業中的應用目前主要集中在自動化飼

圖 1-16 智慧豬場自動化技術特點

圖 1-17 乾料飼餵設備

餵、自動化通風、自動化糞汙處理等技術工藝上（圖 1-16）。

自動化飼餵設備主要包括自動化餵料設備和飲水設備。自動化餵料設備又因飼料形態分為乾料設備和液態料設備兩種。乾料工藝和配套設備是一種全封閉的飼料輸送系統，乾料自動輸送供給能保持飼料清潔，減少飼料運輸損失，並可實現在餵料的同時減少粉塵汙染，但設備價格高、維修困難，技術門檻較高，主要應用群體為大中型養殖場（圖 1-17）。

圖 1-18 液態飼餵設備

　　液態料工藝是將混合均勻的液態料經飼料泵加壓後泵出，透過熱塑性樹脂（PVC）飼料輸送管道送至各個下料閥，指令透過感測器控制，由壓縮空氣的排放時間來控制下料量，整個過程由電腦控制（圖 1-18）。中國現有液態料自動輸送設備最初是引進海外設備技術後進行集成創新和改良優化，使其適用於本土的豬場建設。目前主要存在問題是設備控制精度不夠，飼料混合過程中出現飼料分層、營養素分離等。設備成本高，推廣應用存在一定難度，基本應用於大型養豬場。

　　智慧豬場中自動化飲水環節設備主要包括乳頭式飲水器、鴨嘴式飲水器和杯式飲水器等，中國較為常見的是鴨嘴式飲水器，有的還配備有飲水自動加熱設備。

　　智慧豬場環境控制水準較高。目前，中國養豬業自動化通風設備的研究與應用主要集中在控制夏季高溫，透過在豬舍內安裝熱敏儀，超過適宜溫度範圍就可自動啟動通風設備。自動化糞汙處理在中國並未形成系統化應用，還處於

圖 1-19 資訊技術在養豬生產管理中的應用

發展階段，主要包括機械刮糞和糞汙處理，而糞汙傳送至豬場廢棄物處理中心仍然需要人工參與。中國規模化養豬場清糞方式可分為 3 種：水泡糞、水沖糞和乾清糞。

1.2.2 資訊技術

　　資訊技術是電腦與物聯網技術融合發展的產物，是發展疊代非常迅速的一種現代科學技術。近年來，資訊技術開始與物聯網技術深度融合，這將對智慧豬場的建設產生深遠的影響。資訊技術在智慧豬場生產管理中的應用非常廣泛，主要包括豬場資訊監控、工作任務統籌、種豬系譜管理、電腦育種選配、豬群保健和購銷管理等（圖 1-19）。

圖 1-20　豬場實現標準化、健康化飼養

　　智慧豬場透過資訊管理軟體系統，能快速掌握豬群生產性能方面的資訊，憑分析結果做出正確決策，還能透過生產系統資料分析，根據市場行情調整上市豬的數量和豬群結構，控制養殖成本。中國智慧豬場資訊管理系統的研究開發發展迅速，出現大量以 Foxbase 編制代替早期 dBASE 語言編輯的軟體，還有根據遺傳特性、代謝特點、生產函數和環境因素等建立的養豬生產系統電腦模型，能指導生產方向，改進生產技術。這些系統的研發應用不僅能提高豬場的管理效率，還有利於豬場實現標準化、健康化飼養（圖 1-20）。

　　資訊技術在豬肉品質分級和估算種豬體重方面也有應用，但還處於實驗室階段，還未開發出成套的產品應用於實際生產。在豬肉品質檢測中，透過電腦視覺技術提取圖像原始顏色資訊和紋理特徵，並進一步對豬肉進行自動分級。

圖 1-21　豬場物聯網技術

1.2.3 物聯網技術

　　物聯網技術在中國智慧豬場建設的研究中開展較多，涵蓋多個生產環節，主要技術包括智慧耳標辨識、母豬發情鑑定、智慧分欄、精細飼養、環境檢測、生豬和產品追蹤溯源等，圍繞這些具體需求，中國目前已擁有大量自主知識產權的專利和產品（圖 1-21）。

圖 1-22　物聯網技術在養豬業中廣泛應用

　　物聯網技術在豬場中應用較為廣泛的是豬的電子耳標。電子耳標中用到的無線射頻辨識（Radio Frequency Identification，RFID），是一種可透過無線電訊號辨識特定目標並讀寫相關資訊的自動辨識技術。與傳統的 QR Code 耳標相比，RFID 電子標籤具有儲存數據量大、多目標辨識、耐磨損和能回收等優勢。利用 RFID 技術，養豬生產者能追蹤和記錄豬場建設，豬隻品種、日齡、生產性能指標、日常管理資訊、疾病、免疫和出場等資訊，這些數據不僅可以透過大數據、雲端運算等先進技術促進行業的健康有序發展，還為物聯網技術在養豬業中開展應用做好了鋪墊（圖 1-22）。

圖 1-23 智慧豬場廣泛的網路化平臺

圖 1-24 智慧生產模式的集中展示

　　智慧豬場把工業上智慧製造的理念遷移到養豬業中來，圍繞養豬產業鏈構建更廣泛的網路化平臺（圖 1-23），在此技術平臺基礎上，在智慧豬場實際生產中集成各類軟、硬體產品和新技術手段，帶動整個產業的轉型升級。

　　智慧豬場的技術平臺主要涉及豬場大數據平臺、豬場物聯網平臺等。運用到的關鍵技術包括人工智慧技術、雲端運算技術等，智慧豬場是一個智慧技術綜合運用的應用場景，是智慧生產模式的集中展示（圖 1-24）。

圖 1-25　環保和豬場效益的平衡

1.3　智慧豬場意義與評價

　　現階段中國養豬業面臨較大的環保壓力，許多豬場關注的重點都轉移到與環保有關的糞汙治理等技術環節。隨著中國對環境治理要求的不斷提高，對傳統豬場提出了升級改造的要求，但短期來看，因豬場改造不會顯著增加豬場利潤，導致養豬業應用智慧化糞汙治理技術的積極性不高，因此需要在環保和豬場效益之間找到一個平衡點（圖 1-25）。

圖 1-26　養豬業健康可持續發展

圖 1-27　托舉智慧豬場到更高的水準

　　智慧養豬技術是促進中國養豬業健康可持續發展的重要力量。環保整治的大背景之下，中國養豬業規模化、集約化豬場必將占據主要地位，努力發展各項智慧技術將更有利於規模化、集約化豬場的運行（圖 1-26）。

　　智慧養豬技術的發展研究不僅有利於提升中國養豬技術水準及降低生產成本，而且可進一步促進養豬業資源整合和可持續發展，將智慧豬場的發展托舉到一個更高的水準（圖 1-27）。

圖 1-28　豬場插上了網際網路的翅膀

　　智慧豬場建設受到中國「互聯網＋」策略的影響，養豬業智慧設備的發展也插上了網際網路的翅膀，網際網路智慧養豬關鍵技術和設備的不斷突破，將為智慧豬場的低成本、標準化和高效化提供支援（圖 1-28）。「互聯網＋養豬」已經成為諸多大型養殖企業在激烈競爭中立於不敗之地的有效手段，並將長期影響養豬產業的發展。

圖 1-29 中國養豬業開始走低能源消耗綠色發展之路

目前,中國生豬養殖業面臨著激烈的競爭。海外依靠規模化低成本養殖帶來的價格優勢給中國養豬業帶來了巨大的衝擊。中國主要面臨非洲豬瘟、藍耳病等疫病和環保等發展瓶頸的掣肘,以及中國智慧豬場建設技術革新日新月異,行業龍頭企業之間的競爭日益加劇等,這些因素導致整個生豬市場瀰漫著濃濃的硝煙味道。從發展前景上看,規模化、生態化是未來的發展趨勢,對於豬場的管理方案,智慧化管理系統已漸漸進入中國的養殖場中,中國養豬業開始走低能源消耗、綠色發展之路(圖 1-29)。

圖 1-30　中國智慧豬場必將在未來的發展中取得長足的進步

　　智慧豬場的建設將大大提高豬場的生產和管理效率、動物的福利水準及畜產品品質安全的監管能力，發展前景非常廣闊，在新技術和新設備不斷引入、行業整體技術水準不斷提升的情況下，中國智慧豬場必將在未來的發展中取得越來越大的進步（圖 1-30）。

本章小結

　　本章從智慧豬場定義與分類、發展歷史與現狀、意義與評價三個方面概括了智慧豬場建設的必然性和重要價值，圖文並茂地總結了行業的關鍵技術，方便讀者快速了解智慧豬場的整體情況。

2
智慧豬場飼餵設備

智慧豬場建設與設備
Construction and facilities of smart pig farm

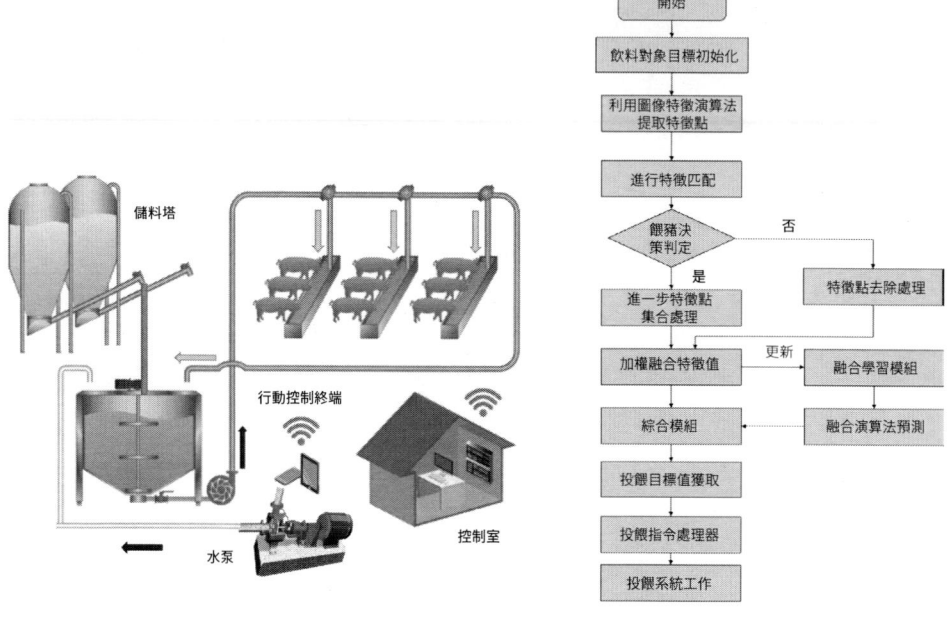

圖 2-1　液態飼餵示意圖和控制演算法邏輯

2.1　液態飼餵設備

2.1.1　液態飼餵原理

　　高效飼餵是現代規模化豬場控制成本的非常重要的環節之一，飼餵的飼料類型主要包括液態料、乾粉料等。選用液態料的液態飼餵在養豬領域有著悠久的歷史，海內外傳統的養豬方法大都是液態飼餵或半液態飼餵，隨著集約化養豬模式的日益發展，逐步發展出多種飼餵方式。

　　液態飼餵通常指的是將混合料（包括能量、蛋白質、礦物質、各種添加劑等）在飼餵前與水按照一定比例混合均勻後，透過管道或其他方式輸送到食槽，水料的比例一般要求在 2.5：1 以上（圖 2-1）。

圖 2-2　歐洲液態飼餵場景

　　基於該技術原理，筆者團隊在智慧飼餵方面的多個環節開展技術創新和突破，先後解決了殘餘飼料清空回收利用、大功率送料機狀態監控和基於物聯網行動控制終端等多個技術難題，並在成都、重慶周邊豬場開展科技示範應用。

　　液態料飼餵系統在歐洲國家使用較早，普及程度也較高，目前北歐已有 60%～70% 的規模豬場採用液態飼餵方式，南歐約為 40%，並且有逐年上升趨勢（圖 2-2）。中國從 2000 年以前開始探索應用液態飼餵，最早採用芬蘭的技術思路和設備，有諸多不合適之處，主要受認知和技術問題等主要矛盾制約，突出反映在液態飼餵管道殘留問題、逆流問題、液態料混合問題，以及清理飼餵管道不徹底造成的殘留物酸敗，引起的豬隻生病問題等。2015—2018 年，法國等已開發國家飼料設備公司以及中國龍頭飼料設備製造企業在技術上不斷創新，逐步攻克了上述技術難題。這些技術上的突破促進了此類智慧設備在中國迅速普及，液態飼餵設備開始在中國規模豬場大量安裝。

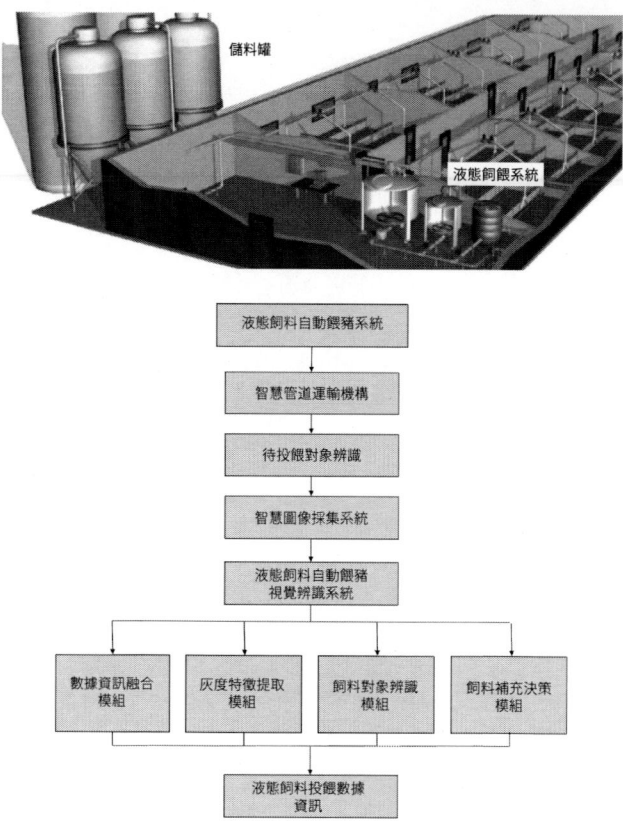

圖 2-3 液態飼餵系統示意效果圖和智慧控制系統軟體流程圖

2.1.2 優點

　　與乾粉料和顆粒料等相比，液態飼料適口性更好，更能引起豬的興趣，能夠增加豬隻採食量和採食的積極性；液態飼料轉化率比乾飼料高 10%～15%，並可減少 5% 的飼料浪費；液態飼料不會在圈舍內產生粉塵漂浮，可有效降低豬隻呼吸道疾病的患病率；液態飼料在攪拌的過程中，可以完美地與發酵飼料結合，並且能夠充分與酒糟、糖漿、豆類穀物類等加工副產品相結合使用；透過液態飼餵系統設計，建成科學化的飼餵系統，可對後期的生產起到事半功倍的作用（圖 2-3）。生產實踐中也發現，採用全套的液態飼餵自動化設備可以顯著提高生豬的生長速度（圖 2-4），全程使用液態飼餵的育肥豬，能夠使豬隻提前 10～15d 出欄，而且豬群體重之間的差異小、整齊度高，有助於銷售環節經濟效益的提高。

圖 2-4 全套液態飼餵設備實物

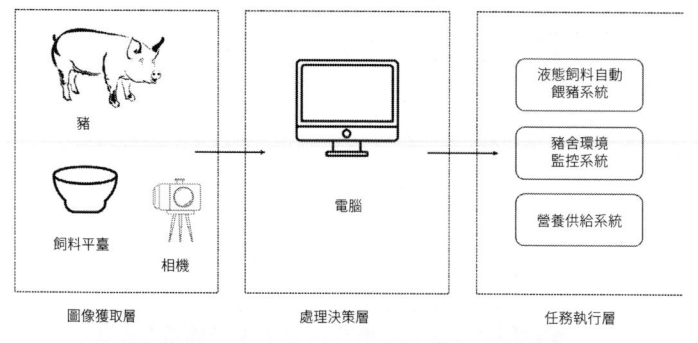

圖 2-5　智慧化的液態飼餵系統示意圖和遠端調節飼餵量實物

　　液態飼餵適用於母豬、仔豬、保育豬、育肥豬等不同階段豬隻生長飼餵的需求，可以根據不同階段豬的生理需求有針對性地調整飼料。液態飼料對上述四個階段的好處是顯而易見的：①對於母豬，能夠提供營養的同時還可以提供水分，而且可以提高哺乳期母豬的乾物質採食量，提高其生產性能；②對於仔豬，剛斷奶的仔豬如果直接從母乳轉換為乾飼料，容易引發仔豬斷奶緊迫現象，可能會出現食慾下降、掉膘、腹瀉等情況，而液態飼餵能夠有效地降低仔豬斷奶緊迫反應；③對於育肥豬，能提高育肥豬對養分的消化率，改變日糧的理化性質和生物學構成，可使育肥豬更快地達到屠宰體重。

　　智慧化液態飼餵系統最大的優點是能遠端即時調節飼餵量（圖 2-5），操作人員透過控制中心的控制電腦可自動獲取和監控當前主要飼餵系統設備的運行狀況和飼餵資訊，可以手動操作或者透過程式控制，從而精準地調控飼料量，最大限度地提高飼餵效率和飼料利用率，做到飼餵過程的精準控制。

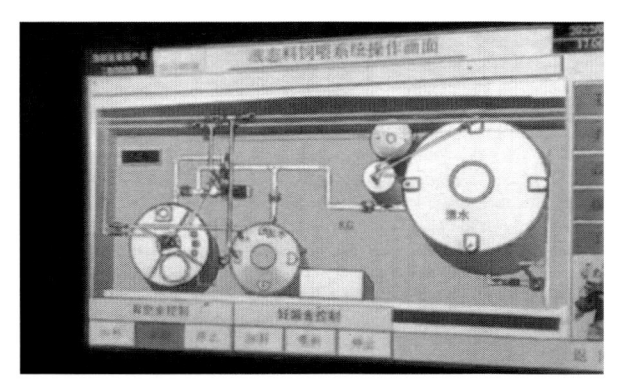

圖 2-6 液態飼料的自動控制介面

圖 2-7 液態飼餵管路系統

　　在智慧化的液態飼餵系統中，液態飼料的自動控制採用軟體設定，透過設計友好的人機介面（圖 2-6）可以方便實現飼料餵給控制。在軟體介面中，可以直觀看到系統運行的狀態，各個機構都透過三維圖形化顯示，圖形的動態變化顯示系統運行是否正常，運行中的問題可以透過對話框顯示出來，在第一時間對操作者進行提示和警報；也可以透過多個視窗對不同的豬舍進行分區管理，這種分區管理非常利於育肥和妊娠等不同階段區別化飼餵，按照不同的飼餵方案，建立不同的管理工程文件進行精細化的管理。

　　液態飼餵透過管道直接將飼料運輸、投餵到指定地點，根據豬隻的分區情況，精準定量地將飼料投入固定的食槽內。由於飼料在整個過程中屬於全程封閉的管理，很大程度上保證了飼料的清潔。管路系統在豬舍內安裝簡潔，易於後期管理（圖 2-7）。

圖 2-8 飼餵系統電磁閥

圖 2-9 飼餵管路布設

　　飼料透過電磁閥門進行開關：當控制系統發出打開的訊號，電磁閥打開，飼料開始供給；當控制系統發出關閉的訊號，電磁閥關閉，自動停止飼餵。筆者團隊也嘗試採用脈衝電磁閥對飼料流量進行動態調節，與傳統的開關電磁閥相比，這種脈衝電磁閥可以穩定地調控流量，實現更加精準地對飼餵量連續調節（圖 2-8）。

　　為了提高安裝效率，筆者團隊設計的飼餵系統在安裝時，將主要管路布設在豬舍內、外，以及豬舍間的連接通道、走廊的頂部，具體安裝位置位於上方通風管道旁，透過金屬支架懸掛固定（圖 2-9）。

圖 2-10 建設期的豬舍內飼餵管道實物

圖 2-11 進豬後的豬舍內飼餵管道實物

　　考慮空間的綜合高效利用，豬舍內部也是將飼餵管道布設在天花板上面，採用懸掛的方式，用螺栓和各種標準化的金屬條將管道固定好。按照豬舍內部分區管理的需要，每個分區留一個飼餵管道口，定時定量將飼料送到食槽內（圖 2-10）。

　　飼餵管道的維護保養也是專案研究過程中遇到的難題。進豬後，豬舍內飼餵管道要定期按照標準化的方法進行維護，包括清洗和檢修。在此過程中，為避免豬隻產生緊迫反應，不適合頻繁維護，因此智慧豬舍要按照標準化流程進行，避免後期維護頻繁影響豬隻生長（圖 2-11）。

圖 2-12 固定不同高度的食槽

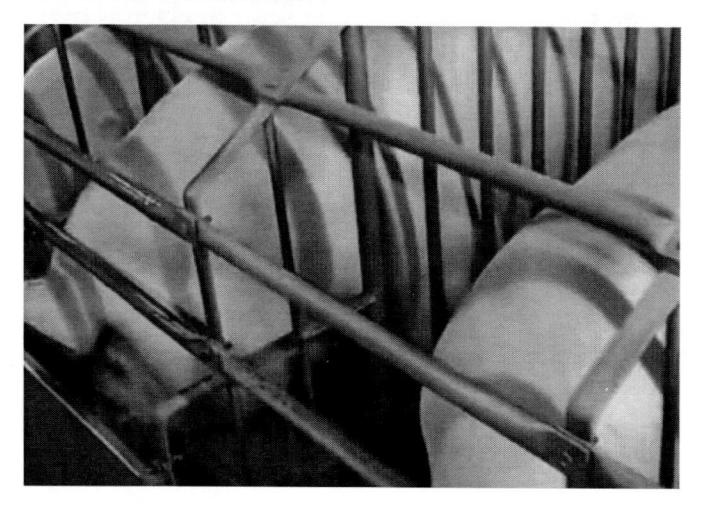

圖 2-13 安裝擋板的食槽

　　液態飼餵系統啟動後，當開始飼餵時，液態飼料直接透過高壓方式在管道內流動，根據分區飼餵方案直接加注到對應的餵食槽內，餵食槽根據豬的大小固定到不同的高度，方便豬隻舒適的進食（圖 2-12）。

　　液態飼餵系統工作時，豬都在食槽裡進食（圖 2-13），依靠食槽兩側的擋板，飼料就不會飛濺到外面，避免飼料在被豬吃食的時候浪費掉，起到節約飼料的作用。

圖 2-14　母豬飼餵設備運行現場

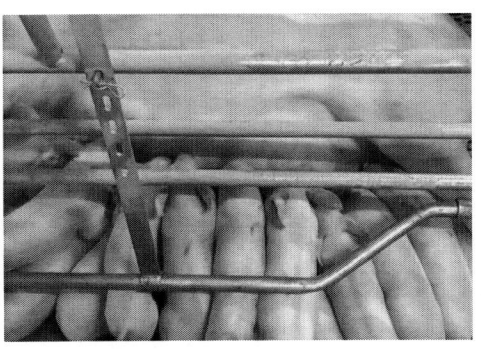

圖 2-15　筆者團隊研發的仔豬限位圍欄

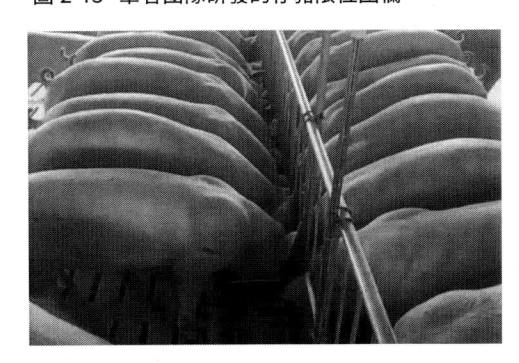

圖 2-16　育肥豬飼餵設備運行現場

　　液態飼餵系統可用於餵養不同階段的豬隻，包括母豬、仔豬、育肥豬等。不同類型的豬對應的飼餵系統技術原理類似，但具體的尺寸和結構存在差異。液態飼餵系統設備針對豬的差異採用不同尺寸和結構，主要目的是提高豬的舒適性（圖 2-14）。

　　飼餵系統配備一些輔助設施的目的是發揮保護作用。例如，藉助護欄等設施可保護仔豬不會被母豬壓在身下，避免仔豬窒息而造成不必要的損失。另外，小豬護理設備的使用，還可提高豬場空間利用的效率（圖 2-15）。

　　飼餵效率也是飼餵系統需要重點考慮的問題。一是分離飼餵方法。育肥豬的液態飼餵採用護欄分離開，採用集中方式飼餵，可以提高飼餵效率。二是高效供料方法。育肥豬的供料流量相對較大，因此，飼餵系統流量參數也相應地設置到較高水準（圖 2-16）。

圖 2-17　筆者團隊參與建設的液態飼餵豬場

2.1.3　發展前景

　　液態飼餵系統的有關理論、技術和智慧設備的研究逐步成為焦點，主要集中在智慧化技術的工程機理，對肉質的影響，對豬隻消化生理、消化率等的影響，以及與發酵飼料的結合等有關技術瓶頸。世界範圍內主要已開發國家也將液態飼餵智慧設備研發作為重點突破，例如筆者團隊和德國西門子公司組成科研團隊，投入研發力量從新型智慧化 PLC（可編程邏輯控制器）入手，針對智慧豬場建設不斷突破，探索如何充分利用智慧控制提升液態飼餵系統優勢。該合作專案已經取得了多個技術突破。從全球發展前景看，無論從促進豬隻的生長和健康，還是從提高豬肉品質來看，液態飼餵都會迎來一個高潮。

　　筆者團隊參與了多個智慧豬場的建設，所研發的液態飼餵系統得到了廣泛應用（圖 2-17）。

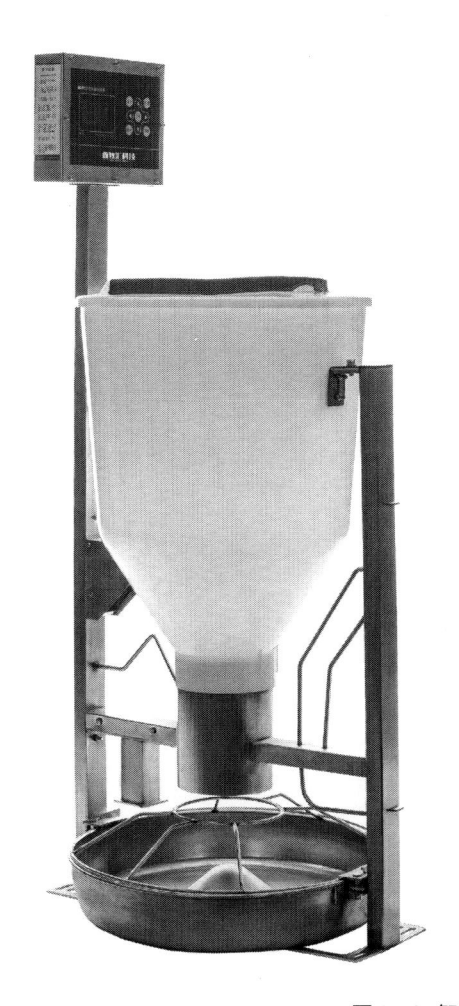

圖 2-18 智慧粥料機

　　智慧豬場建設需要用到系列化的專用智慧設備。其中，飼餵環節也有諸多應用，包括智慧粥料機、智慧耳標和智慧飼餵中央控制系統等。智慧粥料機是利用控制器進行程式設定實現對飼料定時定量投放的智慧設備。該裝置內設的控制器可以設定多個飼餵程式，根據豬的不同生理階段，選擇添加不同的配方，按照不同的飼餵方案進行投料餵料（圖 2-18）。

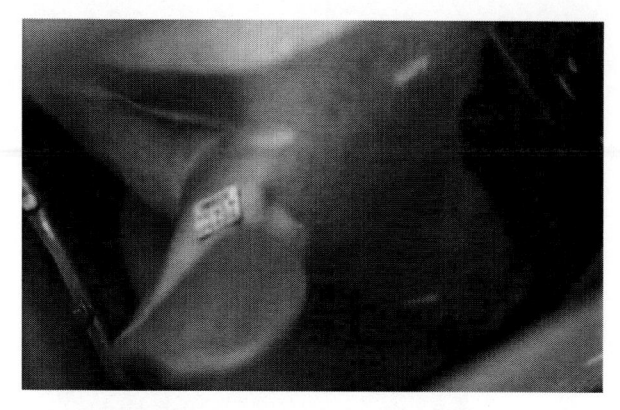

圖 2-19　智慧耳標

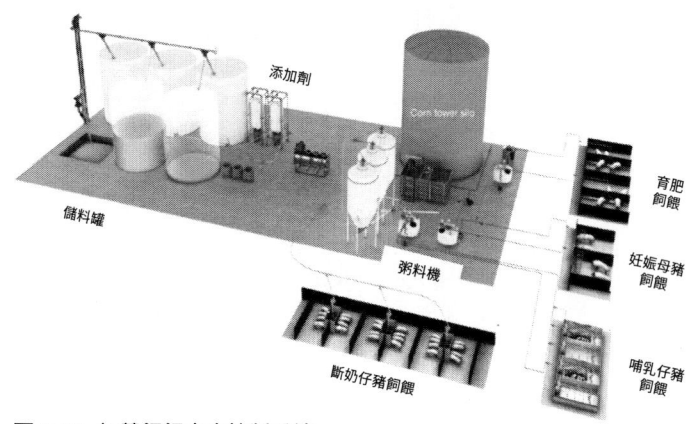

圖 2-20　智慧飼餵中央控制系統

　　智慧耳標利用內部的無線天線，能實現非接觸豬隻個體的自動辨識。智慧耳標是豬群精準管理的重要技術手段。透過對豬隻個體的身分辨識，對每頭豬進行精準管理和精準飼餵，實現按需供料和按時供料，提高飼料利用效率（圖 2-19）。在具體的日常生產管理中，透過耳標獲取豬個體資訊，利用筆者團隊開發的控制器遠距離非接觸動態採集豬隻個體的資訊，動態掌握每個豬的活動範圍，根據需要精準管理飼料的投餵量。

　　智慧豬場的資訊採集終端獲取的資訊經過電腦處理後，可以作為智慧飼餵中央控制系統的決策依據。該系統採用變數控制器和多種感測器即時獲取飼餵數據，透過控制器計算決策後，對智慧豬場的飼餵全供應鏈進行動態調控，實現精準飼餵（圖 2-20）。

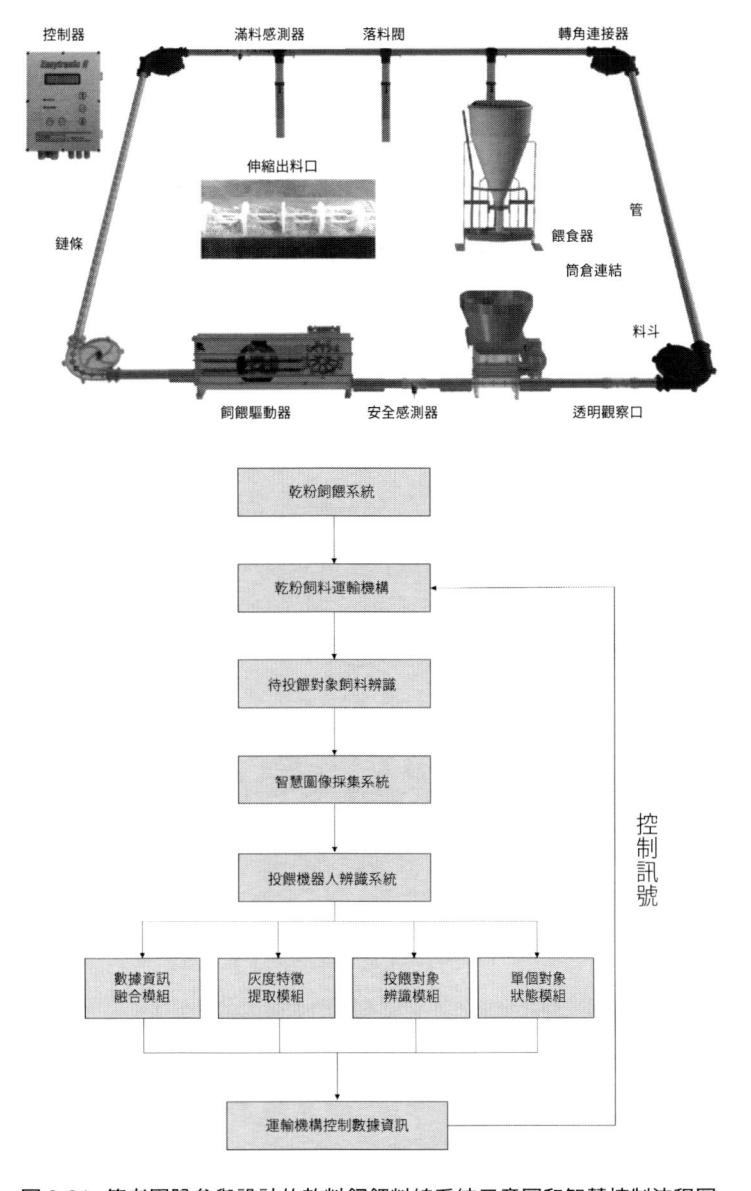

圖 2-21　筆者團隊參與設計的乾料飼餵料線系統示意圖和智慧控制流程圖

　　在智慧豬場建設中，乾粉飼餵設備需要預先成排地安裝在豬舍內，相比液態飼餵，乾粉飼餵設備的體積較大。伸縮出料口內部安裝的排料器，依靠驅動電機，按照控制器的設定，精準定量地將飼料排到飼餵槽中（圖 2-21）。

圖 2-22　乾粉飼餵設備

2.2　乾粉飼餵設備

　　乾粉飼餵系統的智慧料線設備主要包括控制器、滿料感測器、落料閥、餵食器、飼餵驅動器和安全感測器等部分。控制器調節飼料驅動器停車或加速，對供料進行動態調整。滿料感測器和安全感測器負責採集料線系統運行狀態的訊號，將訊號發送給控制器，當料線出現異常時，緊急停車（圖 2-22）。落料閥作為開關用來控制飼料口的打開和關閉，打開後飼料落入餵食器，透過飼餵器進行連續飼餵。

　　飼餵系統的標準化作業對於確保安全、提高作業效率至關重要。筆者團隊研究並起草了飼餵系統的操作規程企業標準，為企業生產提供指導。飼餵系統安裝調試完成後將豬放入，此後設備的維護和保養須注意不能影響到豬的狀態，設備的使用管理要標準化（圖 2-23）。

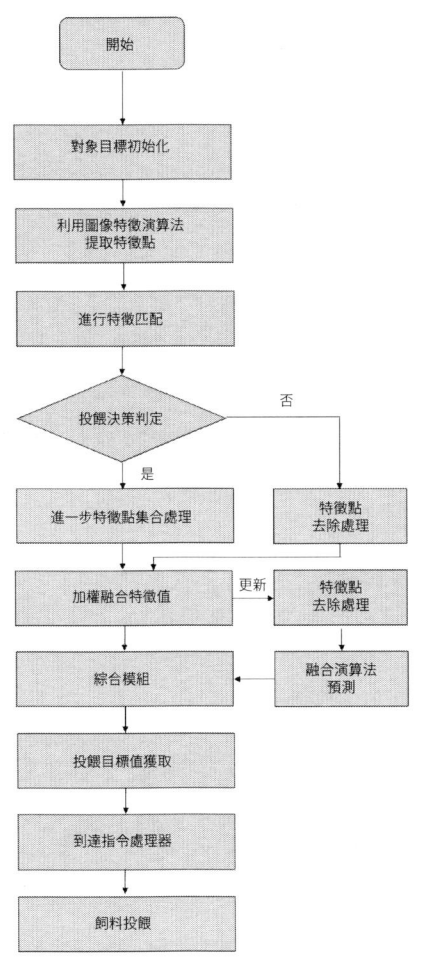

圖 2-23 使用中的飼餵系統實物和自動控制演算法流程圖

圖 2-24 豬場飼餵系統配套的料塔

　　飼料的持續供應是保證智慧豬場科學運轉的關鍵環節。為了方便物流貨車裝卸飼料及對外來車輛消毒，筆者團隊按照獨立分區管理的原則，在智慧豬場建設過程中，單獨預留一個隔離的區域來放置飼料。飼餵系統使用的飼料預先被保存在遠離養殖區的豬舍，儲存在一個特製的料塔中。料塔一般修建在室外，安置在豬場道路旁位置，方便運輸車輛往來作業，乾料首先存放在料塔內，根據飼餵計劃透過料線輸送飼料到豬舍內（圖 2-24）。

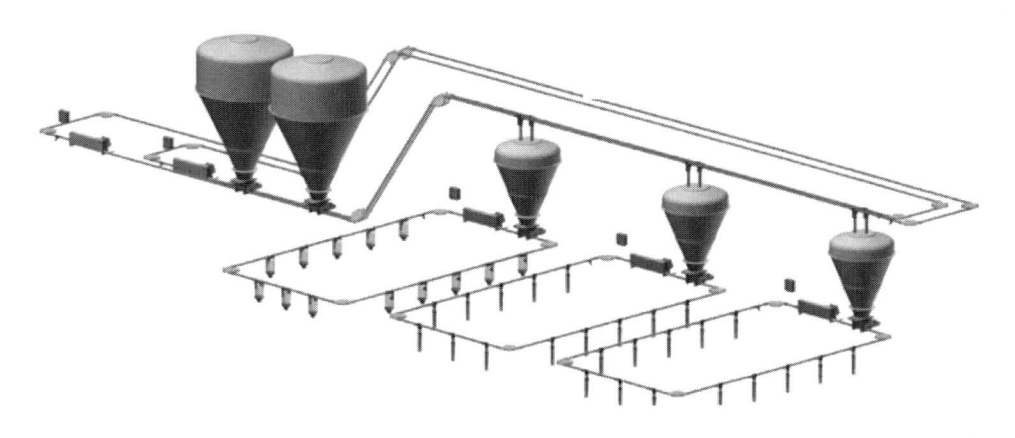

圖 2-25　多級飼餵管路

　　筆者團隊針對智慧豬場建設需要，參與開發和推廣的乾料飼餵系統，在可靠性方面進行了反覆優化，對於易損部件的材料和結構都進行了測試和改進，尤其對於新材料的引進和篩選也進行了多方面嘗試。按照智慧豬場穩定運行 15 年的建設要求，筆者團隊對各部件的疲勞強度都進行了電腦模擬和材料實效試驗，確保智慧豬場建設以及後期運行的可靠性。

　　筆者團隊新研製的乾粉飼餵系統主要部件都達到國際先進水準。塞鏈輸送長度 600m 以上，塞鏈輸送效率 22kg/min 以上，系統設計了基於物聯網的生產數據收集和管理的功能。試驗數據顯示，該系統和傳統的機械式乾粉飼餵系統相比，能顯著改善料重比參數，節約飼料 15% 以上。從維護保養的角度，筆者團隊也新設計了注塑模具，對於磨損部件等易耗品反覆改進，增大了拉力值 2 倍以上，提高了送料系統的穩定性。

　　隨著企業創新技術的不斷進步，乾料飼餵系統的技術發展前沿展現出智慧化、多級化和精準化的特點。一是基於感測器的智慧化管控。料線多處重要節點布設了大量專用感測器，實現了飼料移動的智慧化管控。二是飼餵過程多級化。飼餵料線的管道劃分成多級，從料塔輸出的飼料，首先根據分區管理的原

則進入區域二級儲存箱，再進一步根據飼餵的便捷性進入三級儲存箱，然後逐級進行飼餵。三是飼料存量精準化。採用料塔線上秤重、料線排料監控等數位化管控方式實現飼餵多環節精準化管理（圖 2-25）。

本章小結

本章從液態飼餵設備、乾粉飼餵設備兩種不同形態的飼料飼餵設備系統出發，詳細介紹了筆者團隊開發的兩種系統的技術原理和功能特點，並介紹了圍繞生產難題開展技術突破的有關情況，突出了飼餵設備在智慧豬場建設中的重要地位。

3
智慧豬場飲水設備

智慧豬場建設與設備

Construction and facilities of smart pig farm

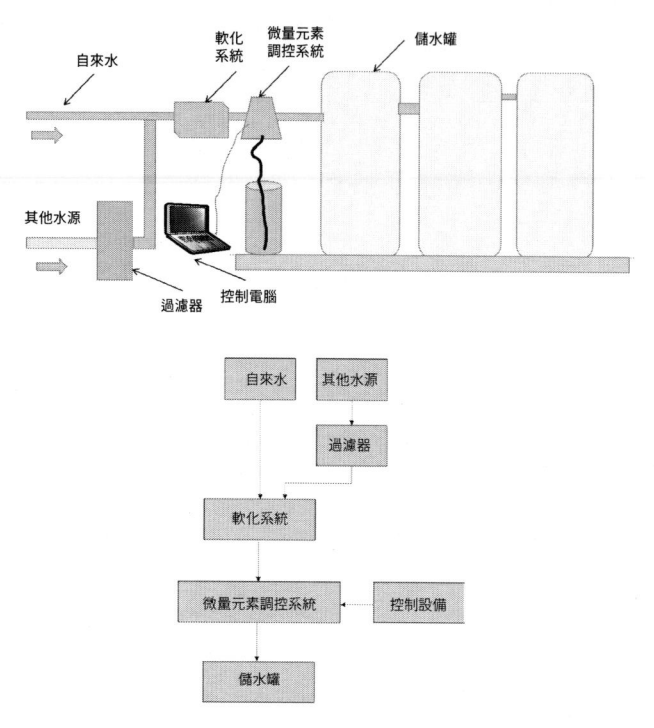

圖 3-1 儲水環節設備作業示意圖和智慧控制流程

　　智慧豬場對投入品有著嚴格的管理製度，其中為豬隻每日提供安全清潔的飲用水就是需要重視的重要環節。為了隔離病毒、保證安全，智慧豬場對豬的飲水供應系統要求嚴苛，卽要求給豬持續供應新鮮、無汙染、除掉氯的飲水。除了保證飲水量和飲水時間精準控制、供應合理之外，還得對各種微量元素進行合理調控。智慧豬場飲水設備主要包括儲水環節設備、運水環節設備和餵水環節設備。

3.1 儲水環節設備

　　儲水環節設備主要是將不同來源的水源進行過濾、軟化和調控後，將合格的水儲存在密閉的容器中，為豬場的運行提供穩定的水源。儲水環節設備主要包括預處理、調控和儲水三個部分。預處理主要包括過濾器、軟化系統等（圖 3-1）。

圖 3-2 儲水環節設備實物

　　根據豬場養殖規模的差異，儲水系統的容積、管路系統的布置各有差異。總體上說，智慧化程度越高的豬場，儲水的監管會越規範，系統運行和維護越科學，使用記錄越詳細，養豬場整體對儲水環節設備的引入和更新疊代也更加重視（圖 3-2）。

3.2　運水環節設備

　　清潔的飲用水從儲水地點輸送到豬舍內，再精準地流到飲水的器具中，這個完整的過程如何保證高效和清潔就是運水環節需要重點解決的問題。運水環節包括管線送水、移動送水車送水兩種。管線送水就是將管路固定和布置在頂

圖 3-3 管線送水的送水管路　　　　　圖 3-4 管線送水的回水設備

圖 3-5 移動送水車

部的天花板上，透過高壓水泵將水送到豬舍裡的不同位置，實現連續供水。優點是效率高，控制系統簡單高效；缺點是需要購置壓力水泵或者架設不同高度的壓差裝置（圖 3-3）。

　　管線送水可以根據控制器的程式設定自動回收多餘的水，經處理後再次使用，能夠實現水資源的循環利用，可以方便地添加微量元素或獸藥，增加飲用水的防病功能（圖 3-4）。

　　移動運水車是小規模養豬的另外一種備選的低成本送水方式，透過靜音橡膠腳輪安裝在底盤上，採用蓄電池作為驅動，在養殖豬舍內進行移動作業，根據豬的大小精準地往進水口中注入一定量的清潔水；同時能透過車載控制器根據飼餵方案設置加藥量，在飲水的同時實現豬病的精準預防（圖 3-5）。

图 3-6 仔猪和母猪饮水设备

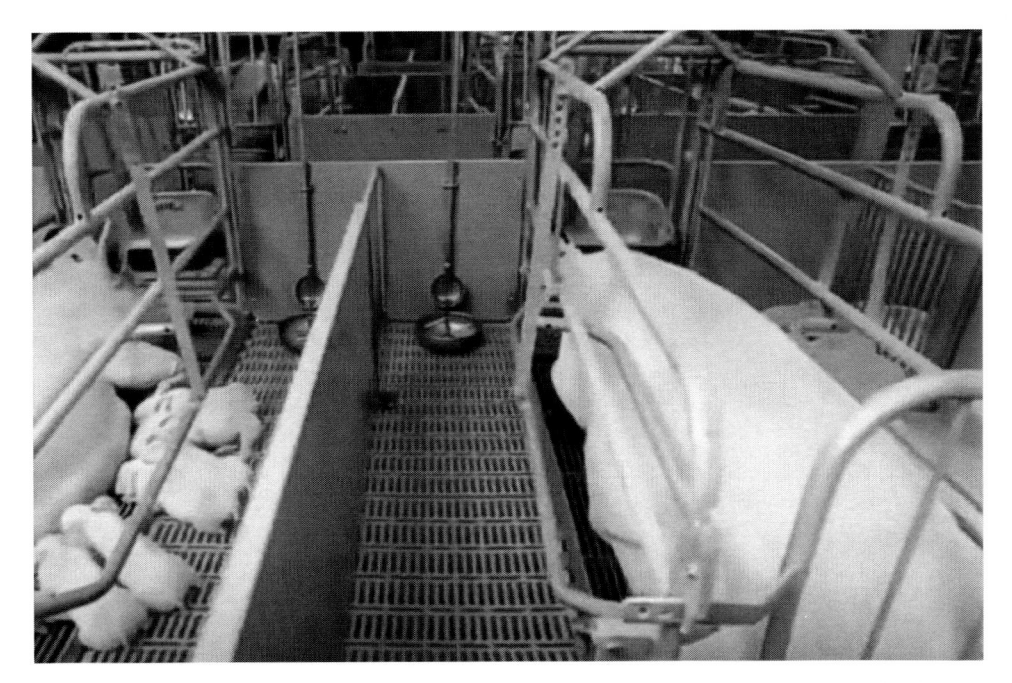

3.3 饮水环节设备

　　饮水环节设备对于不同生理阶段的猪有一定的差异。科学饮水对于仔猪和母猪的健康至关重要，由于猪的个头大小存在差异，饮水器具的大小和高度也就相应地存在差异，因此哺乳母猪和仔猪的饮水的装置是独立的，并且将母猪和仔猪的活动区域透过围栏进行划分。仔猪饮水多采用小型的器具，通常接近地面，采用一大一小两个饮水器，两个饮水器上下不同高度布置。水先流到小容器，再流到大容器。母猪饮水采用大容器，蓄水后方便母猪快速喝水。饮水的过程中可以根据需要在管线中精准控制，定量添加兽药和微量元素，以提高猪的抗疾病能力（图 3-6）。

圖 3-7 仔豬飲水設備

　　仔豬飲水設備的種類主要包括鼻壓式、碗碟式和孔式等（圖 3-7）。飲水設備應經常沖洗，保持器具的清潔。乾淨衛生的器具可更好地保障仔豬的健康，提高仔豬的免疫能力。為了解決健康科學飲水的難題，智慧豬場透過建設智慧平臺對智慧供水設備進行自動化調節，實現對豬場供水系統的精準控制，達到節約和高效用水的目的。

　　飲水設備利用自身的嵌入式控制器系統可以進行供水的自動調控。作業時，透過電磁閥可以快速精準調節流量。飲水設備調控的技術原理是採用脈衝寬度調整的方法，透過變數控制器輸出不同寬度的脈衝對電磁閥的開度大小進行精準的開關，透過電磁閥的開口大小可以很精準地控制單位時間流過電磁閥的飲水量，達到按需控制不同豬飲水量的目的。該系統參照國際經驗，對豬飲水設備的流量按照表 3-1 進行設定。

表 3-1 飲水器控制流量及安裝高度

豬齡	流量（L/min）	安裝高度(cm)
哺乳仔豬	0.35	12
不哺乳仔豬	0.7	24
體重 30kg 豬	1.2	40

(續)

豬齡	流量（L/min）	安裝高度(cm)
體重 70kg 豬	1.5	50
成年豬	2.0	70
產仔母豬	2.5	80

圖 3-8 碗狀飲水器　　　　　　　　圖 3-9 智慧乾溼料機

　　除了流量控制外，豬飲水用的器具的固定安裝高度也要參照表 3-1。其中使用最為普遍的碗狀飲水器，固定在水管的末端，高度 12cm，該裝置透過觸發開關可以實現隨時供水，方便豬的使用（圖 3-8）。孔式飲水器透過一個開很多孔的塑膠管子，定期放水，實現飲水的高效管理。

　　除了直接飲水外，為了方便管理仔豬，筆者團隊也嘗試採用智慧乾溼料機來為仔豬補充水分，並及時添加其他營養元素，保證仔豬的健康。透過對乾料裡添加飲用水，攪拌成溼料後給仔豬飼餵。這種智慧設備，透過預設飲水程式，可以自動調控飲水時間以及飲水量，並可根據需要定時自動對飲水設備進行消毒（圖 3-9）。

圖 3-10 仔豬舍

圖 3-11 智慧自動飲水成套設備

　　對仔豬的精細護理可以採用不同規格的智慧飲水設備。筆者團隊對於生病的仔豬進行了隔離護理，採用更小規格的智慧飲水設備，避免仔豬之間透過飲水交叉感染。健康的仔豬 8 個一組，單獨提供一個飲水設備（圖 3-10）。

　　筆者團隊對於 30kg 以上的豬多採用智慧自動飲水成套設備（圖 3-11），這樣在確保飲水衛生健康的前提下，提高了飼餵精度，降低了勞動強度。

本章小結

　　本章根據智慧豬場用水的流程，按照儲水環節設備、運水環節設備和餵水環節設備三個方面依次總結了當前智慧豬場建設中可用於飲水環節的關鍵技術和智慧設備，首次展示智慧豬場科學飲水的技術體系。

4
智慧豬場清潔設備

智慧豬場建設與設備
Construction and facilities of smart pig farm

4.1 清洗對象

　　智慧豬場的標準化運行維護有助於豬場科學防疫，杜絕疾病傳播，事關豬場的經濟效益，因此該領域一直是智慧豬場的研究熱點，具有巨大的市場潛力。在管理流程上，對於從智慧豬場外部進入的車輛、人員，要進行嚴格的清潔工作。主要包括人員流程管理、車輛流程管理、物資清洗消毒記錄和智慧監管等四部分（圖 4-1）。

　　筆者團隊開發的人員流程管理包含人員入場審批、人員入場管理、人員隔離管理、棟區串線管理、人員淋浴管理（人員門禁 12 個，智慧花灑 6 套）；車輛流程管理包含車輛入場審批、車輛清洗消毒時間管理（車輛辨識裝置 2 個）；物資清洗消毒記錄包含物資消毒入場管理，物資消毒臭氧、紫外濃度監控（人員門禁 2 個，紫外探頭 1 個，臭氧探頭 1 個）；智慧監管包含重點監管點、區域異常監管（智慧監控 10 個）（圖 4-1）。

　　筆者團隊針對智慧豬場清潔需求開發了生物安全防控系統，實現人車物聯動監管，將智慧豬場的清潔設備透過物聯網技術形成了一張大網（圖 4-1）。

　　智慧型豬場內部的清潔，主要包括圍欄、飼餵設備、飲水設備、地板、糞道防護板等的清潔。豬場內部的設施設備及環境需定期進行徹底清潔，這樣做的好處是杜絕病原滋生，確保養殖環境乾淨衛生。在養豬轉場的間隙時間，對整個豬舍內部進行徹底清潔和消毒是極其重要的環節。清潔過程多選用智慧設備代替人工進行，從而實現標準化、高效化和自動化（圖 4-1）。

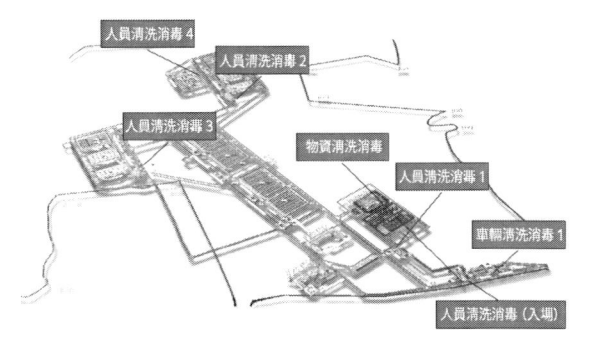

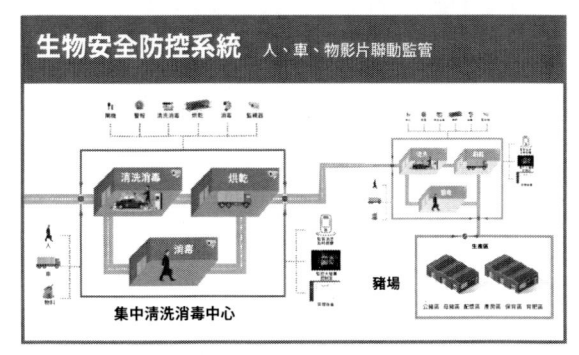

圖 4-1 智慧型豬場外部人員流程管理和沐浴消毒、內部清潔需求

4 智慧豬場清潔設備

圖 4-2 糞道內壁

圖 4-3 豬舍棚格板地區

　　智慧豬場的豬舍地下部分需要清洗的重要區域是糞道內壁防護板，由於豬場多採用水泡糞的模式，因此糞道的清洗消毒是消除病原最重要的環節。糞道內部空間狹小，多採用智慧設備代替人進行清洗（圖 4-2）。

　　母豬和仔豬舍也需要重點清洗，圍欄採用圓形金屬管，高壓沖洗就可以將其清洗乾淨。筆者團隊設計的智慧豬場地板選用水泥擠壓預製的柵格板，糞便從柵格的縫隙流下去，被集中到出口清理。筆者團隊在實際試驗中發現，柵格板周圍的地面區域也是汙染的主要區域，清洗不下來的地方就需要磨地機來清理（圖 4-3）。

圖 4-4 清洗後的飲水設備及飼餵設備

圖 4-5 清潔的地板表面

　　地板經過標準化清洗後,要進行採樣檢查,確保不留死角,徹底清潔乾淨。在實際生產中,筆者團隊調研發現,沖洗過程中也存在交叉汙染其他設備的問題。因此智慧豬場的沖洗設備要注意調節好沖洗設備的壓力,選擇合適的噴嘴,操作時注意沖洗點和角度,避開地板上放置的飲水設備,沖洗後飼餵設備上不要有汙水漬(圖4-4)。

　　豬舍在正常使用的養殖期內,也要時刻注意隨時對地板進行清潔,以杜絕地板上的糞便成為豬舍臭味的來源,從而提高豬舍空氣品質。對地板的清潔是豬場衛生管理的重要環節(圖4-5)。

圖 4-6 兩種刮糞機

4.2 刮糞設備

　　除了清潔地板表面，地板以下的糞道也是清潔的重要方面。對於豬舍內地板下方的糞道內固定成型的糞便，採用刮糞機進行清理。刮糞設備結構主要包括 V 型刮糞機和平型刮糞機，V 型刮糞機刮出來的豬糞含水率為 75%～80%，可直接進行堆肥或送入發酵設備進行發酵。平型刮糞機能將糞溝內的尿液和糞便同時刮出，可有效避免糞汙長期堆積造成的滲漏問題（圖 4-6）。

　　筆者團隊從穩定性和性價比等角度，利用電腦模擬設計開發了牽引式刮糞機，透過拉力感測器判斷刮糞的阻力來判斷作業狀態。該刮糞機採用一大一小兩個獨立電機的動態組合來提供動力，解決省電和高效的生產難題（圖 4-7）。

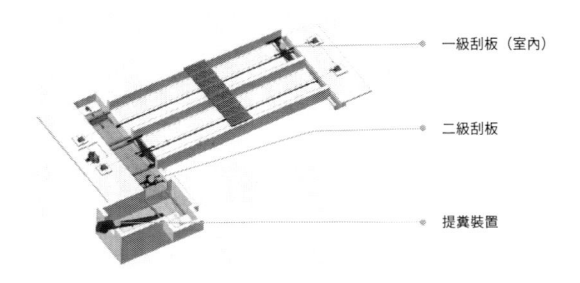

圖 4-7　筆者團隊安裝的智慧刮糞機示意圖

圖 4-8　筆者團隊安裝的智慧刮糞機實物圖

圖 4-9　機器人清洗糞道

　　該刮糞機在 2 個側面各安裝 2 個滑輪，在底面安裝 4 個滑輪，透過 8 個滾動滑輪的限位確保刮糞過程中受到大阻力時不會發生卡死現象。牽引鋼索透過 1 個定滑輪拉動刮糞板往復運動，電機和控制裝置則安裝在室外的固定區域（圖 4-8）。

　　由於糞道內空間狹小，因此糞道的清洗多採用機械化作業的方式。筆者團隊開發的智慧豬場清洗機器人基於機器視覺進行自動導航，可以在自主行走的同時拖動水管在糞道中移動作業，同時高壓清洗噴槍旋轉，實現 360°的自動沖洗；可以在沖洗後同時噴灑消毒劑，為糞道內部進行徹底的淨化（圖 4-9）。

4.3 生產設備

為了實現清洗設備的規模化推廣應用，筆者團隊除了研製新型的糞道清洗機器人、高壓清洗設備外，還開展了適合智慧豬場建設的環保耗材的探索，設計並生產了專用的清潔地板（圖 4-10）。

為了提高豬場清潔地板的品質和生產效率，筆者團隊改進和優化了豬場地板專用生產設備（圖 4-11），採用專用的加工設備，對材料配方進行反覆試驗，並優化了不同配方對應的鍛壓作業的壓力值，實現地板性能最佳，確保了使用壽命，同時降低了地板重量，並且筆者團隊還開展了大規模示範應用，取得了很好的市場反響。

圖 4-10 批量生產的清潔地板

圖 4-11 豬場清潔地板生產場景

4.4 後處理設備

　　智慧豬場專用的汙染物後處理設備有助於減少汙染排放,對於確保豬場的可持續運轉非常重要。為了更好地處理清潔廢棄物,筆者團隊研發了汙泥深加工和再利用設備,將清潔汙水進行淨化後重新投入使用,實現節約資源的同時保護環境(圖 4-12)。

　　根據豬場管理需要,對於清潔過程中收集的廢棄物,要集中進行無害化處理,筆者團隊研製開發了無害化處理設備並進行應用(圖 4-13),可直接對廢棄物進行自動化處理,避免二次汙染。

圖 4-12 豬糞的循環利用

圖 4-13 無害化處理設備

圖 4-14 廢棄物發酵設備

　　為了進一步對糞便、廢棄物等進行發酵處理，筆者團隊開發了廢棄物發酵設備，透過精準控制系統實現廢棄物的智慧發酵（圖 4-14）。

本章小結

　　本章從汙染處理的先後順序出發，按照清洗對象、刮糞設備、生產設備、後處理設備四個環節介紹了筆者團隊圍繞清潔設備的探索性工作，也為清洗設備的發展指明了方向。

5
智慧豬場環境設備

智慧豬場建設與設備
Construction and facilities of smart pig farm

圖 5-1　選址位於丘陵深處的豬場

5.1　外部環境

　　豬場的選址修建對外部環境有嚴格的要求，周圍 3～5km 範圍內不能有生活區、工業區及其他汙染源，以便杜絕外來因素的影響。筆者團隊參與建設的智慧豬場多設計選址在丘陵山區，良好的外部環境對豬場的後期疫病防控和科學營運有極大幫助（圖 5-1）。

圖 5-2　樓房養豬

圖 5-3　樓房養豬的外景

　　由於建設用土地的成本較高，新建豬場的發展方向開始朝著垂直空間發展。樓房養豬就是在這樣的背景下逐漸起步的。樓房垂直化養豬將豬舍建立在多層樓房內，可充分利用樓宇的內部空間，提高單位土地面積的養殖利潤，是一種高效養豬的方式（圖 5-2）。

　　樓房養豬的規劃建設需考慮諸多因素，其中豬場周圍的地形是一個重要方面，另外，通風和採光也是樓房養豬的關鍵影響因素，樓房養豬充分利用了立體空間，但是當豬場建成後，後期的智慧設備數量較多，豬場的運行維護管理相比較地面豬場更加複雜（圖 5-3）。

圖 5-4　筆者團隊建成的豬舍中的降溫設備

5.2　溫度調控設備

　　溫度是豬場環境調控最主要的參數之一。豬場的溫度調控設備使用最多的是降溫溼簾，該裝置是利用流動的冷水從豬舍中流過帶走豬舍內部空氣熱量的方式，達到快速降低豬舍內溫度的目的。在夏季的豬舍管理中，由於溫度變化非常快，而過快增長的溫度會對豬造成不利影響，因此自動化的溫度調控至關重要（圖 5-4）。

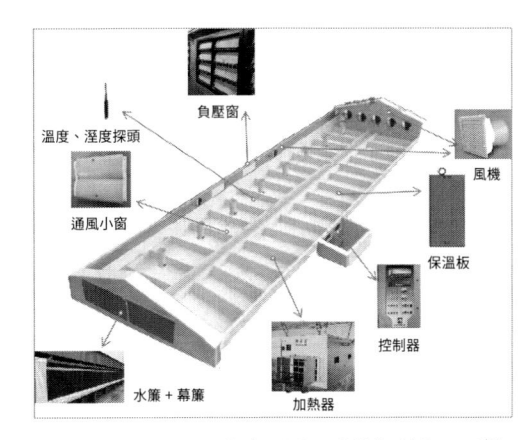

圖 5-5　筆者團隊研發的智慧通風系統

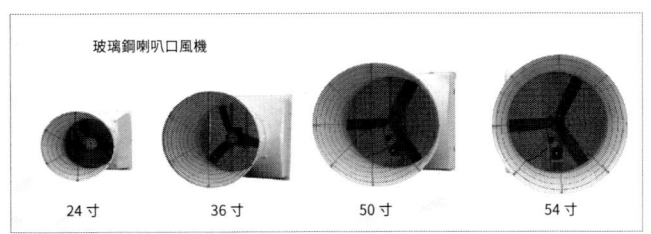

圖 5-6　智慧通風系統風機及安裝效果

5.3　通風設備

　　通風是減少豬舍內部異味、提高豬舍內部空氣品質的重要手段，目前多採用強製通風的方式，利用電機風扇實現空氣對流，從而達到換氣的目的。筆者團隊開發的通風系統，在扇葉一致性、軸承耐磨性和電機耐高溫方面和同類產品相比可靠性更高，能效比高出 10% 以上，高風量高出 5%，設計使用壽命 15 年以上。該系統採用基於物聯網的全自動化控制系統，對通風作業過程的數據進行自動收集、分析決策和任務管理（圖 5-5）。

　　筆者團隊設計的智慧通風系統的風機選用玻璃鋼材料，形狀為喇叭口風機，有 4 個規格，分別為 24、36、50、54 寸（圖 5-6），適合各種不同面積的豬舍進行通風。

图 5-7 通风设计及建设

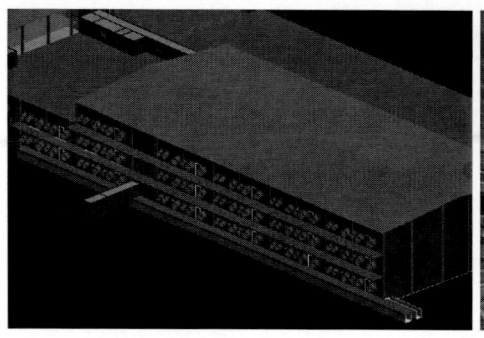

智慧通风系统风机的具体参数如表 5-1 所示：

表 5-1 智慧通风系统风机的主要参数

名称	额定功率(kW)	风量 (m³/h) 静压 (Pa)				
		0	15	25	37	50
54 寸*玻璃钢拢风筒风机	1.5	55500	52900	50800	48300	45600
50 寸玻璃钢拢风筒风机	1.1	46500	44000	41500	38900	35200
36 寸玻璃钢拢风筒风机	0.75	23500	22500	21800	21000	20000
24 寸玻璃钢拢风筒风机	1.55	11700	11300	11100	10600	10200

* 这里的「寸」通常指的是「英寸」(in)，1in≈2.54cm。——编者注

　　笔者团队在智慧通风系统风机设备的设计上，综合采用空气流体动力学模型，将全曲面和曲面融合。笔者团队的设计方法可有效保证通风系统的科学性和合理性。同时透过专业的软体进行流体仿真分析和风洞试验，尽量降低阻力和损失，降低能源消耗。通风设备的电机配备铝合金散热器，可提高连续运转的稳定性及设备的寿命。笔者团队采用电脑对通风系统的设计进行优化和提升（图 5-7），确保得到理想的效果。实际建设中，进风窗被安装在猪舍上天花板，用来引导风的分布（图 5-7）。

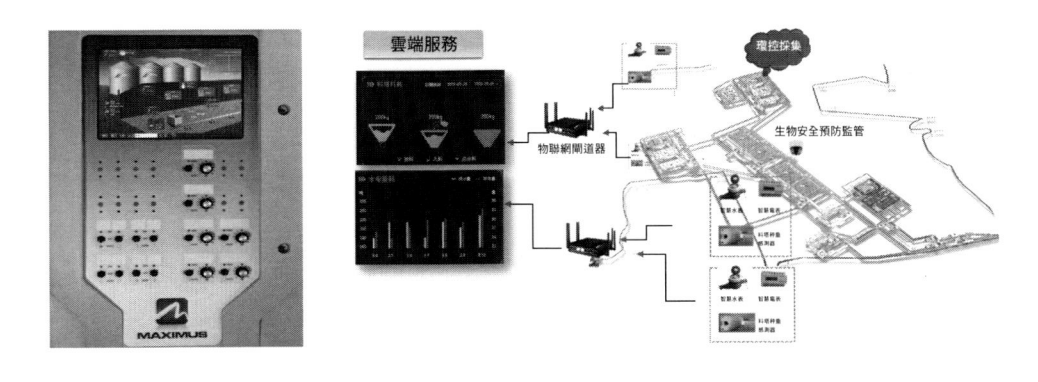

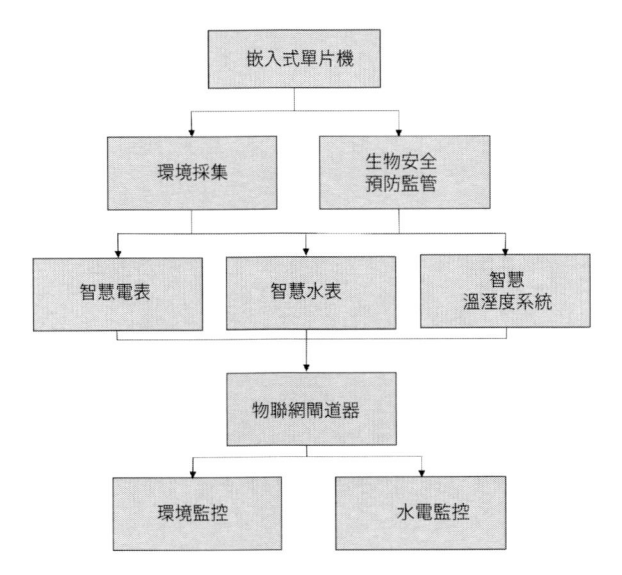

圖 5-8 進口通風智慧控制系統實物、示意圖和控制流程圖

　　智慧控制系統多採用嵌入式單片機作為處理器，透過交互介面設定控制程式，不同位置通風系統風機作業的狀態可以透過面板上的 LED 螢幕動態顯示（圖 5-8）。系統將分布在不同物理空間的控制設備透過雲端集成在一個平臺上，透過雲端服務的方式實現環控採集和高效管理。智慧控制採用單片機作為處理器，基於農業物聯網實現環境採集和生物安全預防監管兩個主要功能（圖 5-8）。

5　智慧豬場環境設備

隨著智慧手機的快速普及，通風裝置配套的智慧控制系統開始採用電腦、平板電腦和手機進行控制，利用應用程式（APP）能方便地查看智慧系統的狀態、警報資訊和當前的控制參數，從而方便地調整智慧系統的作業程序（圖5-9）。

聚焦智慧養殖，基於自動化控制物聯網系統，透過大數據匯總分析養殖設備的運行數據，即時監控豬舍溫度等環境資訊的變化，同時採集飼料添加、糞汙清理、豬群健康情況等數據，提高養殖場營運效率，推動養殖行業走向「智造時代」。所有控制器均可透過網路遠端控制，建立多使用者、多權限、多身分的統一使用者管理體系（圖5-9）。

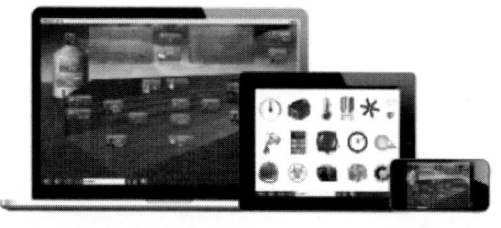

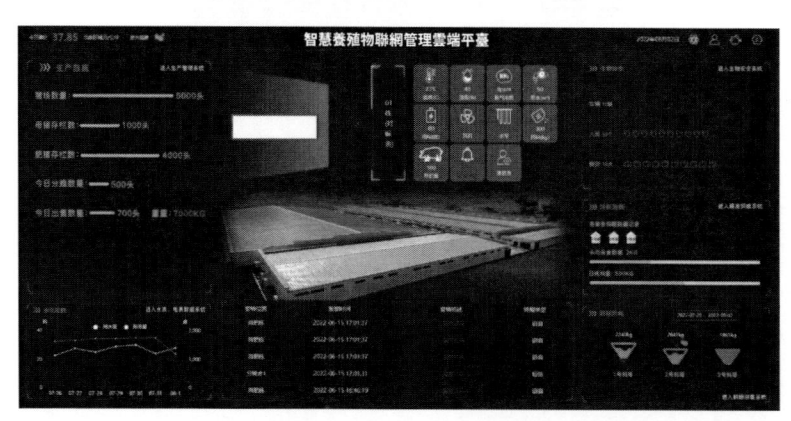

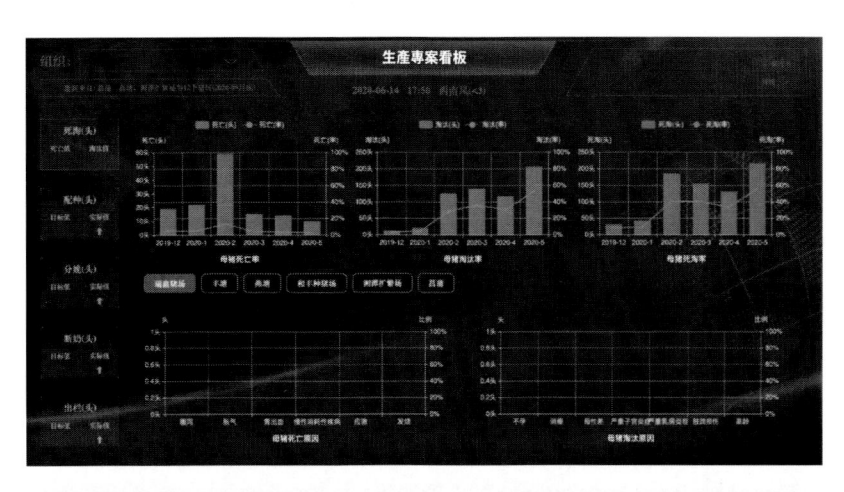

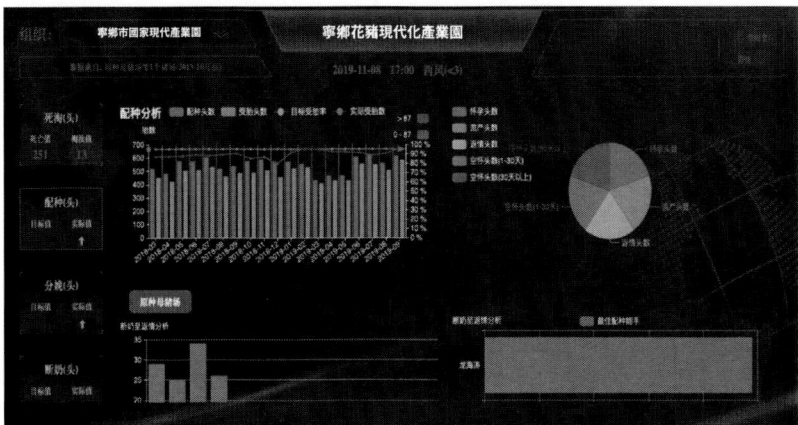

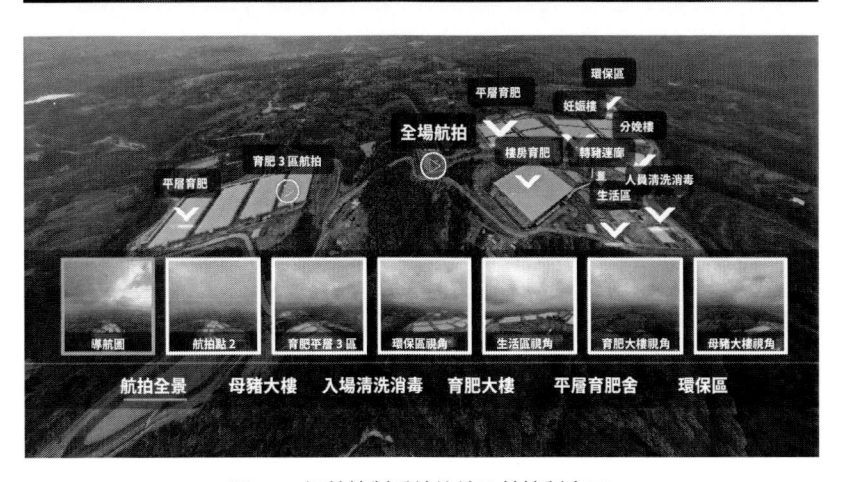

圖 5-9 智慧控制系統終端及其控制介面

圖 5-10 豬場加熱設備　　　　圖 5-11 海外的豬場加熱設備

圖 5-12 仔豬舍加熱設備

5.4 加熱設備

　　冬季豬場需要加熱設備來調節溫度。豬場的加熱設備懸掛在進風口外側，電加熱空氣後，透過風機將熱風精準送到豬舍內，提高豬舍環境的溫度，為豬場安全越冬提供保障（圖 5-10）。

　　仔豬在冬季的保溫需要更加精細的管理，除了正常的加熱設備外，還會額外採用加熱燈進行加熱，可以保持仔豬始終生活在相對溫暖的環境中，利於仔豬健康生長（圖 5-11、圖 5-12）。

圖 5-13 仔豬舍防風設備

5.5 防風設備

　　由於防疫的需要，很多豬場選址在丘陵山區，為了確保豬場的生產安全，必要的防風設備不可或缺。防風幕可以自動打開，固定在豬場的進風口和出風口，可有效保護豬場（圖 5-13）。

5-14 豬場電控設備

5.6 電控設備

　　豬場的電器設備較多，科學的配電系統可有序地對用電設備進行管理，發揮重要作用。電控設備按照電壓分為高壓區和低壓區，220V 和 380V 採用空開，24V 採用低壓繼電器，電控設備採用智慧控制器進行作業設備的監控（圖5-14）。

圖 5-15　智慧豬場幾種主要的氣體感測器

5.7　氣體感測設備

　　豬舍內的空氣品質即時監控透過感測器（圖 5-15）自動採集數據。豬舍是密閉環境，空氣中氣體濃度資訊的採集頻率需要至少 5s 採集一次，需要採用更加可靠的變送器對感測器數據進行處理，並及時發送到控制器中進行運算處理和傳輸。處理後的數據結果用來精準控制通風設備和加熱設備，達到節約能源的目的。

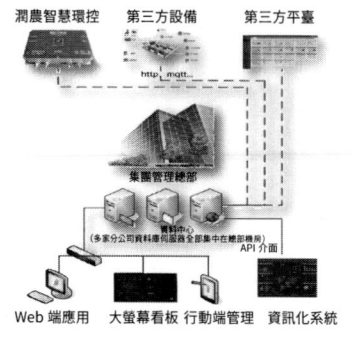

圖 5-16 豬場多媒體資訊的採集和查看

圖 5-17 中控系統的智慧處理和決策結果

5.8 中央控制系統

　　中央控制系統用來採集整個豬場的環境數據，並結合其他文本數據和多媒體數據，和第三方設備及平臺兼容，進行智慧處理和決策，決策結果透過 Web 應用端、大螢幕看板、行動端管理和資訊化系統進行發布（圖 5-16）。中控系統的智慧處理和決策結果可直觀顯示出來（圖 5-17），並依據決策結果調控作業設備參數，對於優化整個豬場的管理水準至關重要。

本章小結

　　圍繞智慧豬場環境設備，從外部環境、內部環境兩個方面進行總結，其中內部環境進一步從調溫設備、通風設備、加熱設備、防風設備、電控設備、氣體感測設備、中央控制系統等七個方面層層介紹了智慧豬場建設所需的設備，內容翔實，實操性強。

6
智慧豬場保育設備

智慧豬場建設與設備
Construction and facilities of smart pig farm

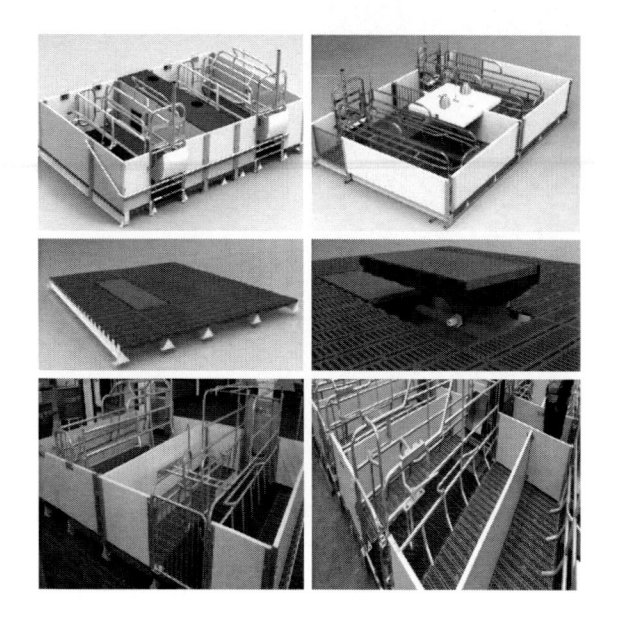

圖 6-1 母豬分娩欄位系統

　　中國養豬產業鏈已經進入明確分工的階段，筆者團隊參與建設的豬場都有明確的類別定位，包括種豬場、育肥豬場等。種豬場專門用來繁殖，養殖種豬來繁育仔豬。為了提高豬場的經濟效益，種豬場積極採用智慧化的技術和設備，透過對母豬和仔豬進行專業和精心的護理，可以獲得健康的仔豬，從而產生較高的利潤。

6.1　保育欄位設備

　　保育欄位系統是安全保育的基礎設備，能為母豬的分娩提供良好的環境（圖 6-1）。筆者團隊長期開展保育設備的結構、材料及使用壽命的試驗測試工作，透過對欄位系統的不斷優化，不斷提高欄位系統的適應性。筆者團隊設計的保育圍欄尺寸為 3.6m×2.4m×0.6m，限位欄 2.1m×0.6m×1m，食槽容量 21L，仔豬躺臥區面積 1.6m^2。母豬限位欄規格長 2 100～2 300mm、寬 530～700mm。

圖 6-2 仔豬保育欄位系統

保溫箱結構為封閉式,蓋板和其他部分連接緊密,可為仔豬提供更好的環境。

　　仔豬的保育關係到種豬場的經濟效益,也是種豬場重中之重的核心工作。藉助成套的設備代替人工,對仔豬高效科學地管理能顯著提高成活率,避免不必要的損失,其中仔豬的保育欄位系統就是關鍵的環節(圖 6-2)。仔豬的保育欄位系統多採用複合材料,且材料具有抗菌功能和保溫性能。另外,筆者團隊採用自主開發的仔豬保育欄透過電腦仿真的方式來模擬仔豬的飼養過程,用來對豬場管理人員進行管理培訓,從而實現智慧豬場專業工人的職業培訓。虛擬仿真的豬舍內,仔豬專用的飼餵、飲水、地板、環控等設備一應俱全,實現了沉浸式的職業技術培訓。

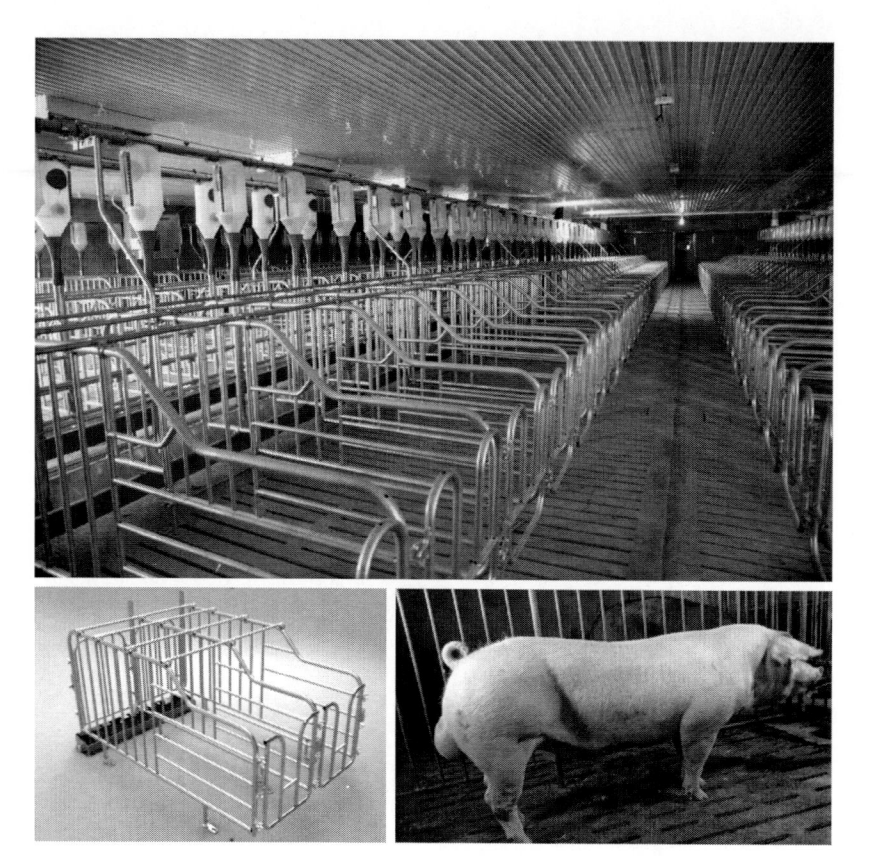

圖 6-3 種公豬及護理圍欄

6.2 種豬護理設備

　　種豬是豬場的核心競爭力。種公豬的品質很大程度決定了仔豬的生長速度、健康狀況及形體狀況（圖 6-3），因此對種公豬的管理一直是大型種豬場的核心工作。智慧豬場建設時，種公豬護理主要包括種公豬護理圍欄、精液品質管理和分析等。

對種公豬進行精液品質管理和分析，對於確保母豬順利受孕至關重要。該設備採用機器視覺技術，先將樣本放入測量儀中，測量儀透過藍牙連接到手機，利用手機應用程式自動獲取種公豬的精液資訊，為種豬場受孕提供科學指導（圖 6-4）。

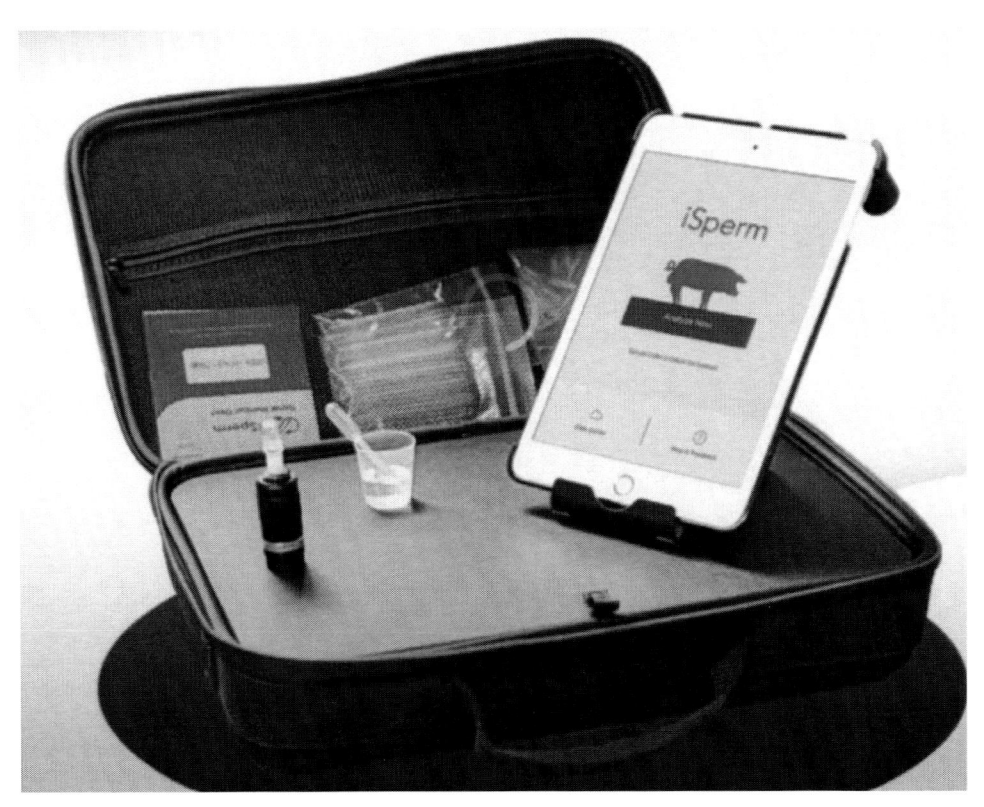

圖 6-4　種公豬精液分析設備

6.3 分娩產床設備

　　分娩產床為母豬提供一個最佳的分娩環境，有助於母豬順利產仔。筆者團隊設計的精鑄鐵地板，外表光滑不會傷到母豬。仔豬的地板採用加厚塑膠，在塑膠地板的背面，結構上設計了兩個加強筋，地板支撐採用加強型玻璃鋼。試驗顯示，這兩種地板的選用在實際生產中，避免了母豬和仔豬磕碰受傷，增加了舒適度。

　　還要對妊娠母豬定期進行超音波檢測，透過智慧系統定期獲取母豬分娩前的健康狀況（圖6-5）。

圖 6-5 分娩產床設備及超音波檢測設備

6.4 仔豬隔離設備

　　仔豬的隔離是一種有效的保護措施。利用圍欄將哺乳仔豬與母豬隔離開，避免母豬躺臥後壓住仔豬，導致仔豬窒息。圍欄多採用鋼管製成，長期使用後會生鏽，但圍欄不能刷油漆，以免對仔豬產生不利影響（圖 6-6）。

　　應將仔豬與母豬進行隔離管理，並要注意保暖，需要在原有豬舍溫度調節之外，採用加熱燈對仔豬所在區域進行加熱和保溫。海外公司開發一種仔豬電熱保溫板，該設備上表面使用一種熱敏可逆變色材料，該材料在預設的最高溫和最低溫時會變色。這樣如果保溫板發生加熱問題，生產者可以直觀地看到（圖 6-7、圖 6-8）。

圖 6-6　仔豬隔離設備

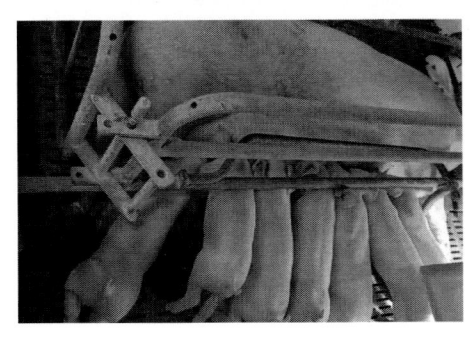

圖 6-7　仔豬加熱設備　　　　圖 6-8　帶有顏色指示的仔豬電熱板

6.5 仔豬保育設備

　　仔豬的保育設備（圖6-9）是提升仔豬成活率，加快仔豬增重的有效支撐。規模化飼養斷奶後的仔豬要建設專門的豬圈，豬圈的上方單獨布置通風管路，筆者團隊採用一道或兩道鍍鋅管給豬圈欄體內部進行通風透氣。豬圈圍欄採用500mm或600mm高的PVC圍欄，起到了很好的保溫作用；在靠牆位置設計保溫蓋，實現精準保溫；豬圈內設有特定的料槽選，料槽可避免仔豬進食不會互相撞擊。

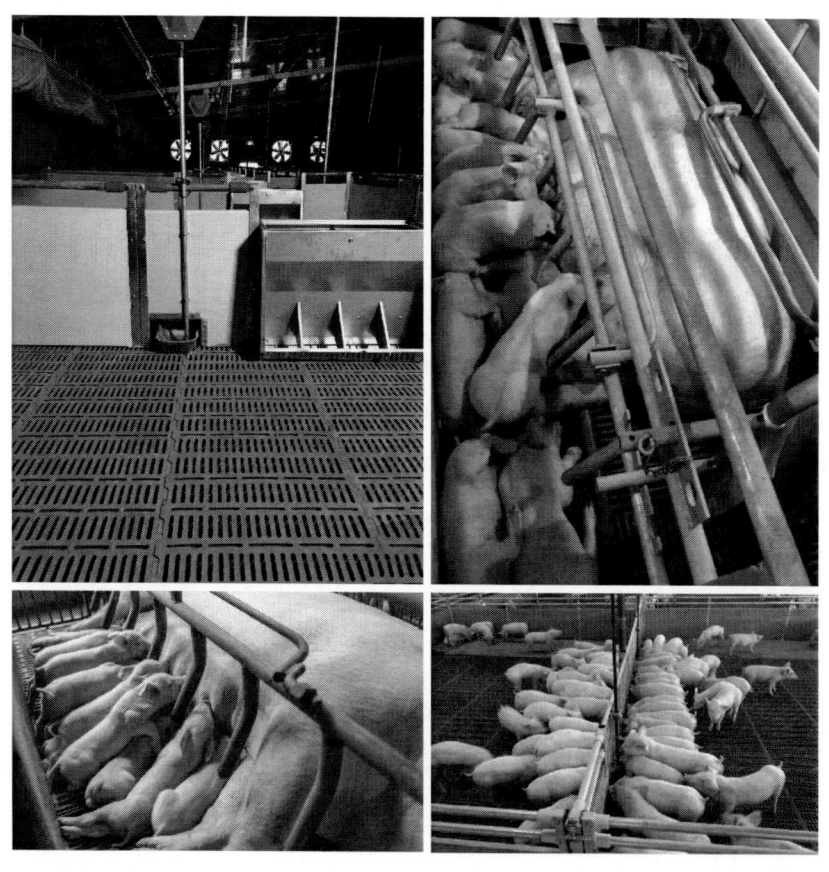

圖6-9　仔豬保育設備

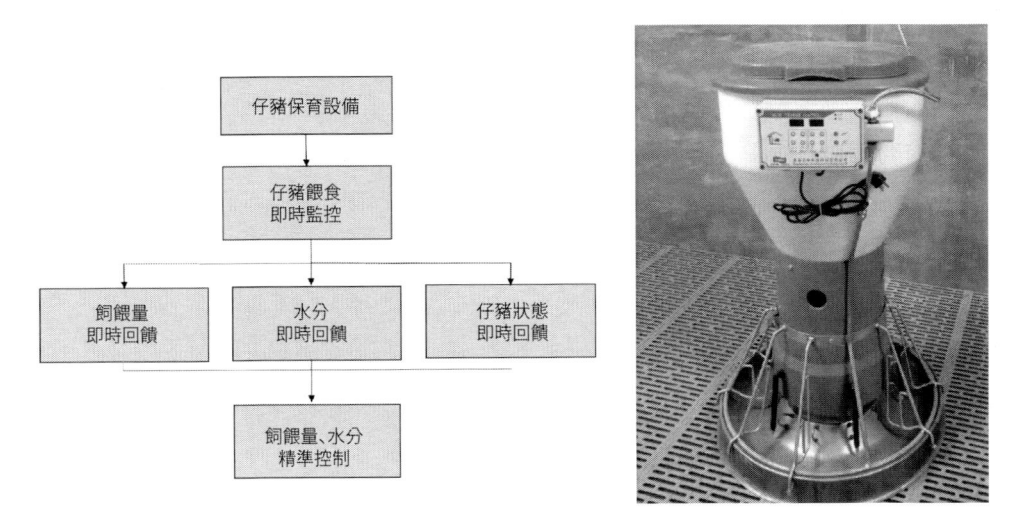

圖 6-10　仔豬保育設備適用的控制流程圖和某款產品實物

圖 6-11　仔豬保育豬舍

　　仔豬的保育也可以採用智慧化的設備，如採用粥料機可以實現對飼餵進行靈活管控，有利於仔豬飼餵量和水分的精準控制（圖 6-10、圖 6-11）。

6　智慧豬場保育設備

圖 6-12 妊娠管理設備布局

6.6 妊娠管理系統

妊娠管理系統專為母豬設計，母豬轉入群養時間為配種後 28～35d，透過系統管理母豬能確保母豬受胎更穩定；基於系統可以實現母豬妊娠期系統全程精準飼餵，膘體管理均衡；母豬妊娠後期大群飼餵，提高了母豬運動量，使母豬更健康，可最大限度發揮母豬生產性能。筆者團隊設計了一種妊娠設備系統，針對一個養殖 400 頭母豬的豬舍，單體圍欄和精準飼餵器設計了 336 個，電子群養飼餵站設計了 10 臺（圖 6-12）。

表 6-1 妊娠管理方案

相關工藝	管理方案
單體欄（斷奶 - 配種）	5～6 週（斷奶 1 週，配種 4～5 週）
群養週	11 週
分娩 - 哺乳	4 週
單週配種頭數	64
入群養頭數	56（2 批）
單週分娩	26

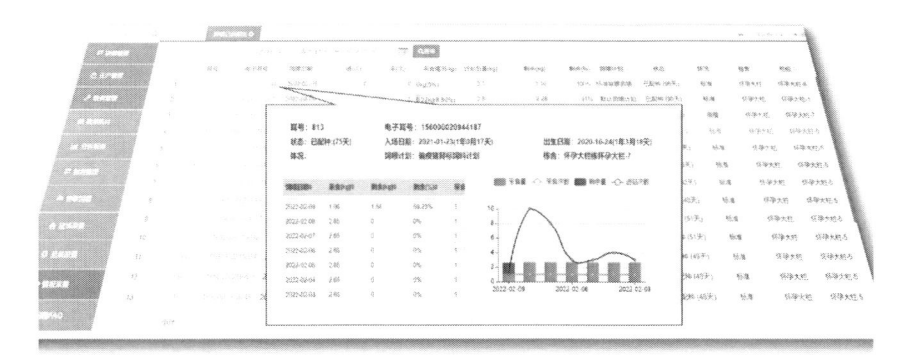

圖 6-13　妊娠管理系統介面

　　妊娠管理設備和對應的妊娠管理系統配套使用，可對母豬的健康狀況資訊進行動態監管，按照表 6-1 妊娠管理方案進行設定，系統會智慧化地進行管理，根據需要系統可對母豬的緊急情況進行遠端預警（圖 6-13）。

本章小結

> 　　本章圍繞智慧豬場保育設備，從保育欄位設備、種豬護理設備、分娩產床設備、仔豬隔離設備、仔豬保育設備、妊娠管理系統等六個方面闡述繁殖保育環節的設備開發應用情況。

7
智慧豬場預防設備

智慧豬場建設與設備
Construction and facilities of smart pig farm

圖 7-1　自動注射設備

　　豬場通常採用一次性注射器進行疫苗注射，採用抽樣方法進行疾病檢測，這些做法存在消耗品的成本高、疫苗豬舍的作業效率低等瓶頸問題，尤其對於大規模豬場而言，這些問題更加突出。要提高豬場的精準管理，採用自動化的設備是一種行之有效的思路，可有效解決上述問題。

7.1　自動注射設備

　　自動化注射泵包括疫苗瓶、注射頭、把手、計量泵、電機和蓄電池等幾部分。疫苗瓶可以直接旋擰到注射器上，每次作業手持把手部分，直接靠近豬的注射點，針頭快速伸出刺入，計量泵根據預先設定的注射量自動進行加壓和計量，透過電機和蓄電池可進行間歇式的注射，注射完後更換針頭進行下一次注射（圖 7-1）。

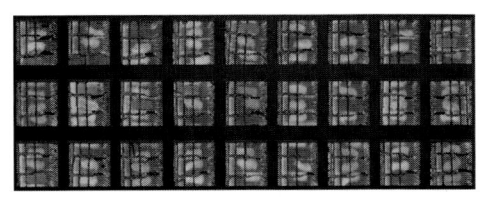

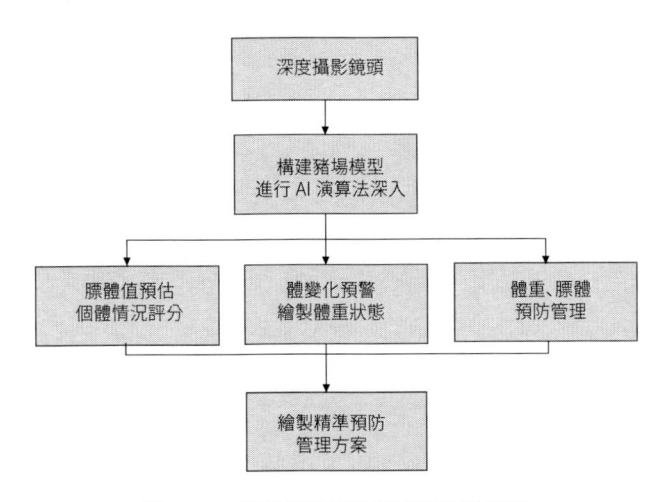

圖 7-2　AI 巡檢設備實物和系統結構框圖

7.2　AI 巡檢設備

　　基於深度攝影鏡頭，構建豬場體重、膘體模型，進行 AI 演算法深入學習後，AI 巡檢機器人進行智慧體重、膘體評估健康預防管理。輸出對應品系豬隻膘體值預估、對應品系豬隻體況評分，對於群體豬隻膘體變化進行預警，提供豬隻狀態體重曲線；並進一步基於 AI 巡檢系統（圖 7-2）膘體評定結果進行豬隻預防管理方案，實現依據母豬體況變化精準預防。

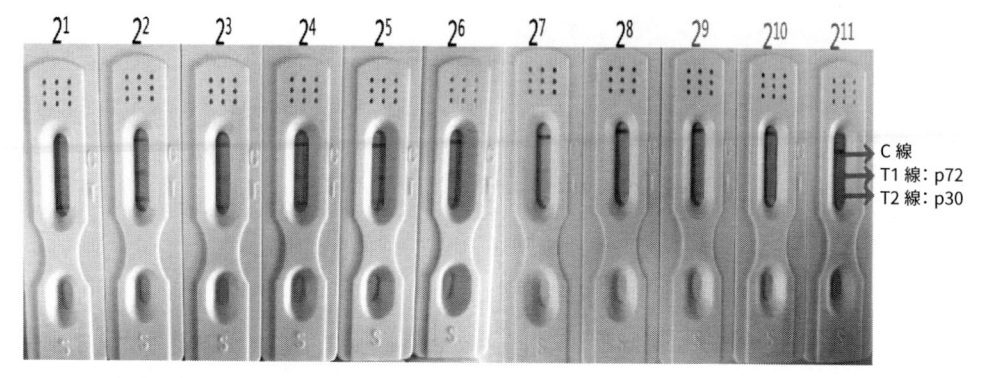

圖 7-3 非洲豬瘟獸醫診斷試劑盒

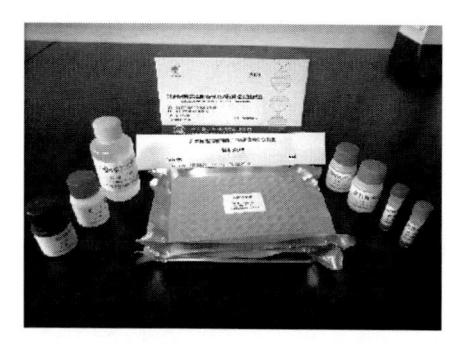

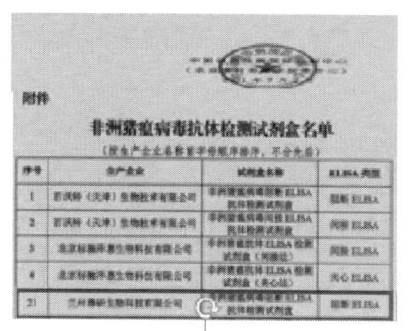

圖 7-4 非洲豬瘟病毒阻斷 ELISA 抗體檢測試劑盒

7.3 突發疾病快檢

非洲豬瘟獸醫診斷是工作量巨大、任務很重的環節，解決好這個問題對於豬場發展至關重要。筆者所在的團隊在豬場突發疾病預防環節做了大量研究，所研發的非洲豬瘟獸醫診斷試劑盒可快速對豬場疫情進行診斷，可有效避免進一步的損失（圖 7-3）。

非洲豬瘟病毒阻斷 ELISA 抗體檢測試劑盒，可適用於所有地區動物非洲豬瘟病毒抗體檢測及流行病學調查（圖 7-4）。

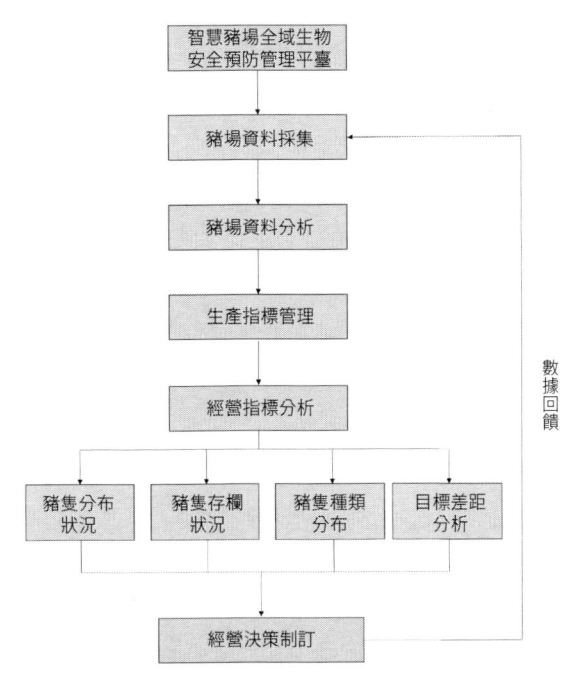

圖 7-5　生物安全管理平臺結構框圖和軟體介面

7.4　生物安全管理平臺

　　從生物安全角度開展預防工作，首先對豬場出入進行分區管理，再對清洗設備運行進行監管，並把豬舍進行分區精細化管控，對豬隻的異常行為進行預警（圖 7-5）。

登入／分配員工　　　人、車、物登記

事件審批　　　流程查看

圖 7-6　行動終端生物安全預防管理軟體

7.5　行動終端生物安全預防管理軟體

　　生物安全預防管理是智慧豬場的頭等大事，也是需要傾注大量人力和物力的難題，需重點關注。筆者團隊也一直探索基於行動終端智慧型手機開展生物安全管控的技術模式。為了讓管理者隨時隨地能夠動態地管控和監督豬場的生物安全，筆者團隊開發了基於行動終端生物安全預防管理軟體，該軟體採用主動偵測和自動警報的方法，透過分發授權和區塊鏈監督，讓智慧豬場預防工作實現簡單快捷（圖 7-6）。

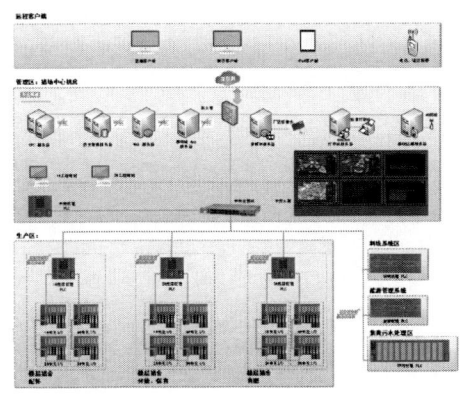

圖 7-7 智慧豬場全域生物安全預防管理平臺

7.6 智慧豬場全域生物安全預防管理平臺

杜絕死角，消除安全隱患，筆者團隊開發了智慧豬場全域生物安全預防管理平臺（圖 7-7），實現豬場的立體全方位管控。

預防管理平臺還可提供其他技術服務。管理層可透過系統統計的彙總數據快速查看豬隻分布情況、存欄情況、各類別豬隻的存欄數量，系統根據基礎系統所採集的數據綜合分析各場的生產指標，並對各生產管理指標進行排名。

在經營決策過程中，透過平臺對豬場整體生產管理細節進行分析，為經營管理提供指標目標差距分析，也可對豬場經營決策進行模擬，對現場執行力進行監督。

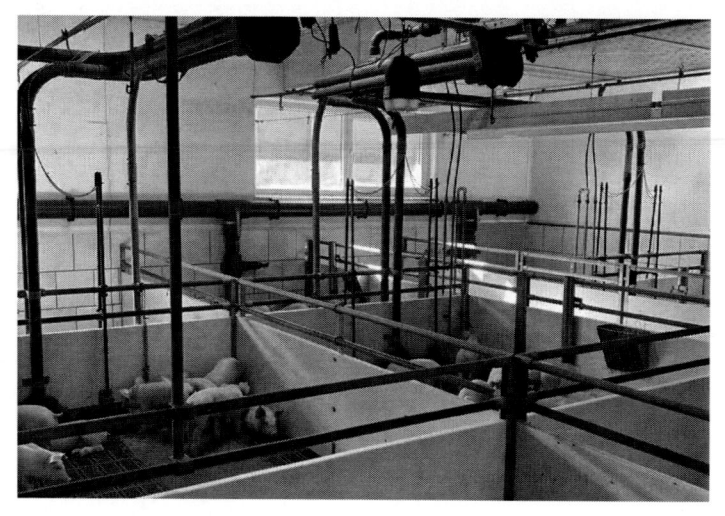

圖 7-8 豬咳嗽分析系統

7.7 豬咳嗽分析系統

　　近年來，國際上對智慧豬場預防設備的研究越來越聚焦。海外企業開發的豬咳嗽分析系統（SoundTalks）從 2023 年開始推廣應用，該系統用於在豬的生長期和育肥期持續監控豬的呼吸道健康狀況，配備有 6 個麥克風的監測器能記錄所有的雜訊，並能透過演算法區分出咳嗽的聲音。該系統可以比養豬人提前 5d 發現咳嗽，並且可以透過紅綠燈系統或智慧手機應用向生產者發出警告，使其能夠迅速採取行動，有助於減少抗生素的使用（圖 7-8）。

本章小結

　　本章圍繞智慧豬場預防設備，從自動注射設備、AI 巡檢設備、突發疾病快檢、生物安全管理平臺、行動終端生物安全預防管理軟體、智慧豬場全域生物安全預防管理平臺、豬咳嗽分析系統等七個方面對目前智慧豬場建設應建設的疾病預防智慧設備及其配套軟體進行了總結分析，為智慧豬場建設提供參考。

8
智慧豬場承包建設

智慧豬場建設與設備

Construction and facilities of smart pig farm

圖 8-1　生產基地　　　　　　圖 8-2　生產基地配備多種大型生產設備

　　智慧豬場是當前養殖領域的研究熱點，國內外諸多大型企業都圍繞智慧豬場建設的需要，將智慧化技術的突破作為重點。筆者團隊 10 年來一直堅持「產學研用」一體化的科研創新思想，對智慧豬場關鍵技術和智慧設備進行了研究和示範。

8.1　智慧豬場建設硬體保障

　　筆者團隊堅持「產學研用」一體化的創新模式，引入和培育了多個中國有影響力的科技企業，在智慧豬場建設領域中標和建成了多個重點工程，在行業中取得了很好的影響力。為了確保專案「保質保量」完成，圍繞智慧豬場設備生產及售後，筆者團隊建設了自主研發和生產基地（圖 8-1）。

　　生產基地配備多種大型生產設備（圖 8-2）。整個加工所需的設備一應俱全，可確保智慧豬場的建設工期，以及智慧豬場設備的品質穩定性。

圖 8-3　透過無人機獲得完整的三維數位地圖

8.2　智慧豬場建設軟體保障

筆者認為，廣義的豬場設計是從選址開始直至專案進入穩定運行維護階段才結束，貫穿於整個專案全過程。近年來，豬場設計的重要性逐漸獲得了大家的認可。專案選址及規劃的好壞決定了豬場能否在複雜的生物安全環境下持續運行，規劃及工藝細化設計的好壞決定了整個生產流程及管理是否合理，施工設計的好壞決定了豬場能否以更低、更科學的成本完成豬場建設。

筆者團隊成員為智慧豬場設計和商業化營運提供競爭性方案，為豬場建設提供完善的軟體技術支援，包括豬場選址、施工圖設計等，在長期的智慧豬場建設中，團隊不斷摸索新技術、新方法，對智慧豬場進行科學合理的設計和施工。

豬場選址作為豬場建設的第一步，其重要性作用不言而喻。團隊運用多項技術手段，多角度、多維度進行豬場選址，能夠在保證生物安全需求的基礎上選擇更經濟、更合理的地塊，為客戶節約時間和經濟成本。

無人機在空中獲取豬場周邊的地貌圖像資訊，透過計算處理獲得完整的三維數位地圖，並將之作為基礎地圖，再透過數位地圖分析地形條件（圖 8-3）。

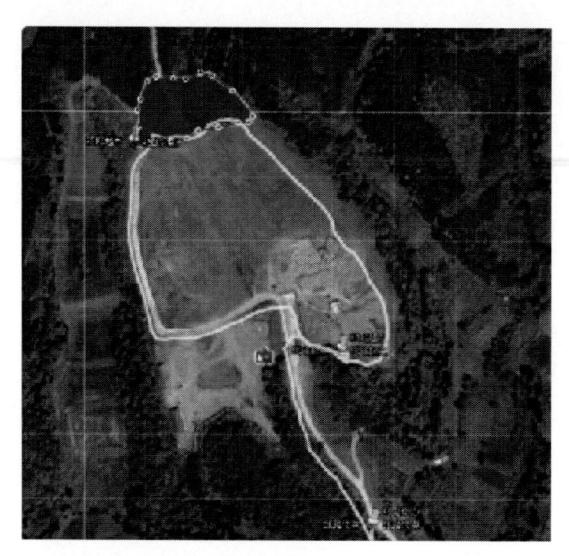

圖 8-4 電腦篩選的最佳建設地點

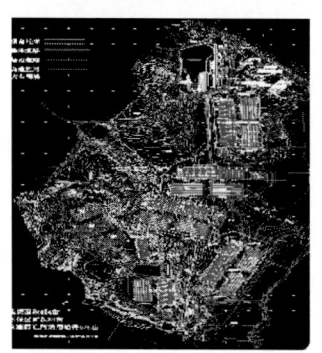

圖 8-5 施工圖的設計

  透過電腦反覆篩選最佳的建設地點，從交通、氣流、海拔、生物安全等多個維度評估選址的合理性，依據評估得分按照方案的優缺點和合理性進行排名，為後續的方案論證提供多種選擇，儲備後備方案（圖 8-4）。

  根據確定的建設地點進行施工圖設計（圖 8-5）。逐一確定各種設計圖紙的細節數據，經過多人、多級分工校驗和複核無誤後，組織專家進行設計參數合理性的技術論證。透過技術論證後，進行施工前的準備，包括圖紙關鍵參數的加密和圖紙備份工作。

圖 8-6 豬場三維建模

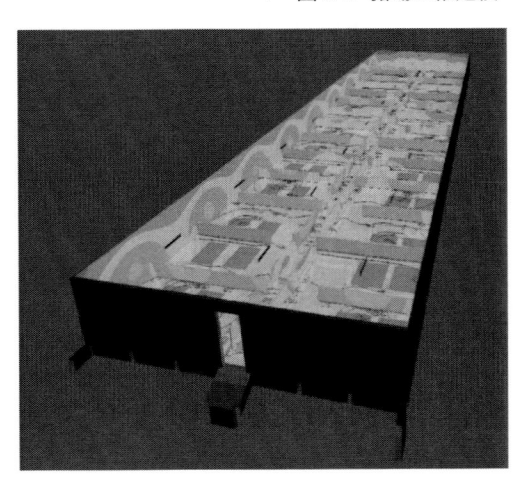

圖 8-7 豬場建設方案的模擬

　　為了方便專家評審及後續技術交流，設計定稿完成後，需要進行各單體工藝詳圖設計，團隊會對豬場的施工圖紙進行三維建模，透過三維模型直觀顯示豬場建成後的視覺效果。三維模型也可用於後續的氣流仿真模擬，提高智慧豬場設計的科學性（圖 8-6）。

　　在滿足生物安全及生產需求下的前提下，要對豬舍的建設方案進行精細的電腦模擬仿真（圖 8-7）。主要目的是節約成本，高效利用，基於電腦的新技術和新方法對現有工藝方案進行深度設計及驗證。

8 智慧豬場承包建設

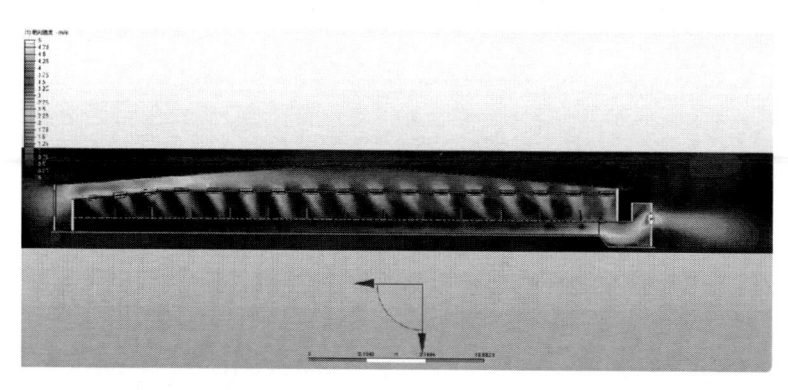

圖 8-8　豬場內外的通風模擬

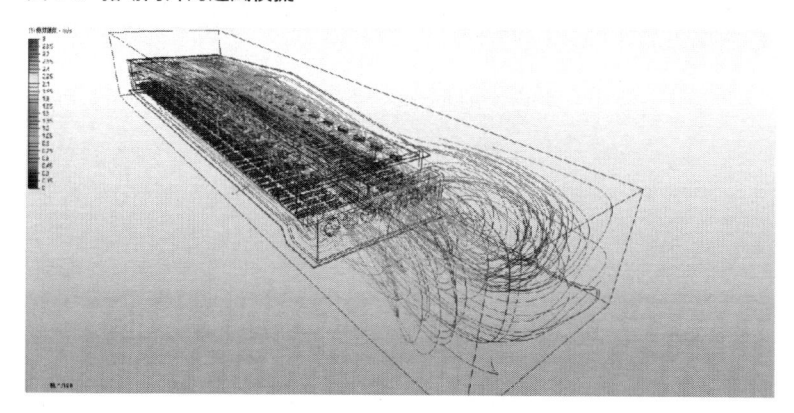

圖 8-9　豬舍內的氣流速度仿真

　　通風是豬場至關重要的一個環節，通風設計關係到能源消耗、保持空氣新鮮度和減少窒息悶死損失等重大問題，因此對豬舍內外的流體模擬是團隊非常關心的環節，要反覆模擬和論證通風氣流的情況，提高豬舍內外的通風性能（圖 8-8）。

　　除了豬舍內外氣流交換外，豬舍內部的氣流風速也是關注的重點，要確保豬場的重點部位有適宜的空氣流動。科學地規劃和設計豬舍內的氣流速度，有助於減少豬舍內病原體的數量，提高豬舍內舒適度，節約溫度調控設備的電量。筆者團隊採用電腦模擬仿真的方式研究豬舍的氣流對環境的影響規律，並透過研究不同風速對豬的躁動的影響，將風速調控到最佳的範圍之內，既能保證空氣流動還能避免豬受涼（圖 8-9）。

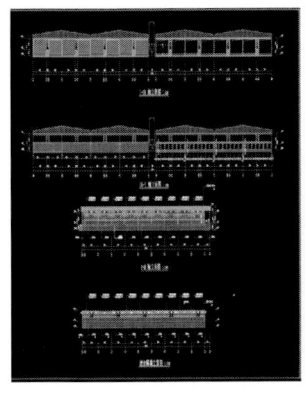

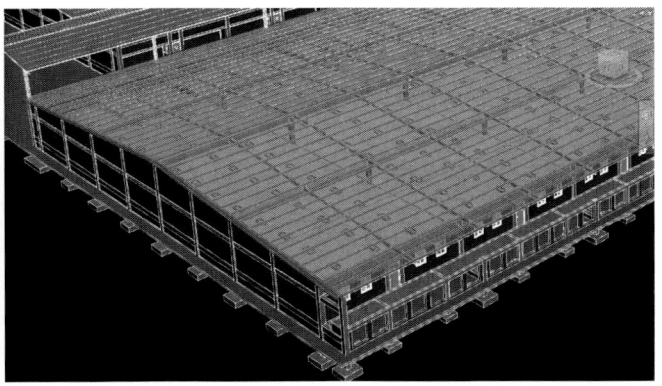

圖 8-10　設計圖局部的優化調節

圖 8-11　數位化豬場模擬場景

　　基於上述全鏈條的模擬仿真後，就可以根據需要再次調整豬舍的設計高度，進行局部的優化調節（圖 8-10、圖 8-11）。

本章小結

　　本章圍繞承包建設智慧豬場，論述了筆者團隊對於如何承包建設智慧豬場所做的努力，從智慧豬場建設硬體保障、智慧豬場建設軟體保障兩個方面，分享筆者團隊建設智慧豬場的思路和保障，為未來智慧豬場建設提供參考。

9 智慧豬場建設案例

智慧豬場建設與設備

Construction and facilities of smart pig farm

筆者團隊透過10多年的不斷探索，總結了豐富的豬場設計和建設經驗，完成了一批有代表性的智慧豬場建設，帶動了一批有影響力的設備生產企業，影響了一批科學養豬的企業。參與建設的案例完整體現了筆者團隊的研究進展，可以供廣大讀者借鑑，由於諸多豬場投產後不能入內參觀，因此案例僅作概括性的描述。主要參與建設的的代表性豬場經典案例簡單介紹如下：

(1) 成都旺江母豬場養殖基地（圖 9-1）

該豬場屬於成都旺江農牧科技有限公司，設計養殖 1 200 頭母豬（圖 9-1）。

圖 9-1 成都旺江母豬場養殖基地

(2) 重慶六九原種豬場基地（圖 9-2）

該基地設計養殖 9 000 頭母豬。

圖 9-2 重慶六九原種豬場基地

（3）成都市種畜場（圖9-3）

圖9-3 成都市種畜場

（4）新希望眉山豬場基地（圖9-4）

該基地設計養殖13500頭。

圖9-4 新希望眉山豬場基地

(5) 新希望自貢鐵廠鎮豬場（圖 9-5）

該基地設計養殖 6 750 頭母豬，另外還有 72 000 頭保育育肥存欄。

圖 9-5 新希望自貢鐵廠鎮豬場

(6) 黃山黟縣黑豬產業基地（圖 9-6）

圖 9-6 黃山黟縣黑豬產業基地

(7) 山西長榮母豬場基地（圖 9-7）

圖 9-7　山西長榮母豬場基地

(8) 嘉吉飼料公司全球研發中心（圖 9-8）

該基地設計為 2 400 頭母豬自繁自養場。

圖 9-8　嘉吉飼料公司全球研發中心

(9) 四川鐵騎力士三台斯爾吾基地（圖 9-9）

該基地設計養殖 2 400 頭母豬。

圖 9-9 四川鐵騎力士三台斯爾吾基地

(10) 廣東天農興隆高效保育育肥場（圖 9-10）

圖 9-10 廣東天農興隆高效保育育肥場

（11）溫氏徐州李集保育育肥場基地（圖 9-11）

該基地設計養殖 40 000 頭。

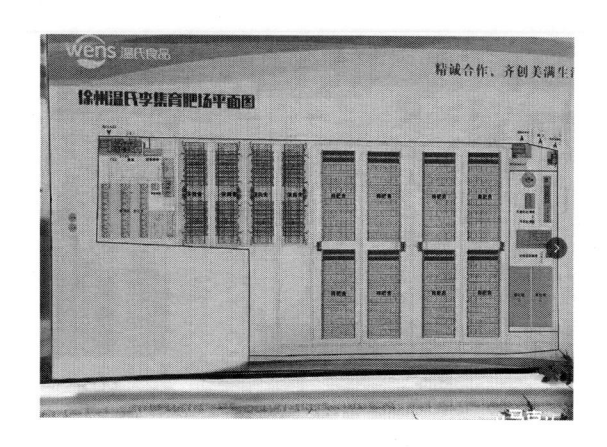

圖 9-11 溫氏徐州李集保育育肥場基地

（12）四川天府集團俏主兒公司碧玉寺養殖基地（圖 9-12）

該基地設計養殖 4 500 頭母豬。

圖 9-12 四川天府集團俏主兒公司碧玉寺養殖基地

本章小結

本章圍繞智慧豬場建設案例，簡單羅列了筆者團隊參與建設的豬場鳥瞰圖，對成功案例進行分享，為未來需要進行智慧豬場建設的企業提供參考。

10
展望與建議

智慧豬場建設
與設備

Construction and facilities
of smart pig farm

10.1 展望

近年來，豬產業突飛猛進的發展得益於中國飲食結構中豬肉的需求增加，豬場的建設水準也隨之快速進步，不斷朝著資訊化、數位化和智慧化的方向發展。豬場技術設備發展走出了人工餵養—機械輔助—自動控制—智慧系統的發展道路，透過產業升級，逐步走上智慧化豬場的發展模式。

未來智慧豬場建設將關注綠色、環保、節能、智慧的主題，從產業結構升級、企業發展定位和使用者實際需求出發，更好地為產業的升級換代提供支援。

(1) 綠色生產技術及設備將貫穿豬場生產全過程

生物安全將透過智慧設備得到保證，生產過程對品質的把控將更加嚴格，飼餵設備自動添加藥劑將得到嚴格追溯。

(2) 環保要求將不斷升級

排洩物、病死豬以及其他汙染物的監管將採用智慧化設備實現。

(3) 節能技術將廣泛應用

豬場的設計將關注通風和調溫設備，更加傾向於採用個性化的設備，設備功能的細分將更加明顯。

(4) 智慧化的理念將更加深入人心

關鍵環節的智慧化將逐步朝著關鍵細節智慧化的方向發展。

10.2 建議

智慧豬場設備的發展是個複雜的系統工程，既要循序漸進，又要搶占高位，要站在產業結構的高度制定設備的發展策略，主要有以下建議：

一是要圍繞利潤點，有的放矢。飼料是成本的大頭，配套的智慧設備要注重細節，要從開源節流的角度出發，透過設備的應用提高利潤。

二是要突出重點，不要一概而論。做好智慧豬場的薄弱環節，抓住關鍵節點就能有顯著收效，物聯網平臺建設等尤其要注意。

三是要做好後期運行維護（簡稱運維）。探索成熟的商業模式，加快專業運維隊伍是保證智慧豬場健康發展的關鍵環節。

總而言之，智慧豬場的建設和運維是個新課題，也是個難題，不要想當然地認為引進海外技術了，或者採用某個成熟的工業技術就能解決問題，應開動腦筋，思考癥結在哪裡，透過生產反覆驗證和優化，把智慧豬場設備這個手段用好、用足，開創智慧豬場設備的美好明天。

後記

　　非常榮幸能夠為大家帶來全新的一本科普性質的著作——《智慧豬場建設與設備》。這本書是經過我們團隊多年的實踐、研究和總結編寫而成，旨在為廣大養豬從業者提供一份全面、系統的指導手冊，幫助大家更好地了解智慧豬場的建設和設備應用。

　　作為一名豬場從業者和科技工作者，我們深知養豬行業的發展面臨著諸多挑戰和機遇。隨著社會經濟的快速發展，人們對於食品安全和品質的要求越來越高，消費者對於健康養殖和環保養殖的呼聲也越來越強烈。在這樣的背景下，智慧豬場的建設和設備應用正成為行業轉型升級的必然趨勢。

　　本書主要以智慧豬場建設和設備應用的實踐為基礎，旨在為廣大養豬從業者提供一份系統、全面的指南，幫助大家更好地了解智慧豬場的建設和設備應用。本書涵蓋了智慧豬場多個方面。透過本書的學習，讀者可以了解到智慧豬場建設的基本原理和技術路線，掌握智慧豬場設備的選擇、應用和維護技能，提高養豬效率和品質，推動豬場升級轉型。

　　當然，想要實現智慧豬場的建設，單靠一本書是不夠的，需要我們每個人的努力。我們應該積極參與科技創新，加強對行業動態的關注和學習，不斷提

高自身素養和技能水準。隻有這樣，我們才能為行業發展貢獻自己的力量。

我們深知本書的編寫離不開各位專家、學者和同行的支持和幫助，感謝大家為本書的成稿提供寶貴意見和建議。同時也感謝廣大讀者的支持和關注，希望本書能夠為您的工作和生活帶來一些啟示和幫助。

最後，我們衷心希望全球養豬行業能夠更加健康、環保、高效發展，讓我們共同為此而努力！

著者團隊

智慧豬場建設與設備

作　　　者：	張梅，馬偉，胡永松	
發 行 人：	黃振庭	
出 版 者：	崧燁文化事業有限公司	
發 行 者：	崧燁文化事業有限公司	
E - m a i l：	sonbookservice@gmail.com	
粉 絲 頁：	https://www.facebook.com/sonbookss/	
網　　　址：	https://sonbook.net/	
地　　　址：	台北市中正區重慶南路一段 61 號 8 樓	

8F., No.61, Sec. 1, Chongqing S. Rd., Zhongzheng Dist., Taipei City 100, Taiwan

電　　　話：	(02)2370-3310	
傳　　　真：	(02)2388-1990	
印　　　刷：	京峯數位服務有限公司	
律師顧問：	廣華律師事務所 張珮琦律師	

-版權聲明————————

本書版權為中國農業出版社所有授權崧燁文化事業有限公司獨家發行繁體字版電子書及紙本書。若有其他相關權利及授權需求請與本公司連繫。

未經書面許可，不可複製、發行。

定　　　價：299 元
發行日期：2025 年 04 月第一版
◎本書以 POD 印製

國家圖書館出版品預行編目資料

智慧豬場建設與設備 / 張梅，馬偉，胡永松 著 . -- 第一版 . -- 臺北市 : 崧燁文化事業有限公司 , 2025.04
面；　公分
POD 版
ISBN 978-626-416-523-5(平裝)
1.CST: 養豬 2.CST: 家畜飼養 3.CST: 家畜管理
437.344　　　　114004222

電子書購買

爽讀 APP　　　臉書